（英）徐珀壎／编　　潘潇潇／译

创客空间

Creative Workspaces

广西师范大学出版社
·桂林·

目录

前言

徐珀壎

背景环境 / 背景分析：小空间的崛起

过去十年间，小微企业的数量呈爆炸性趋势增长。在纽约、伦敦、香港这样的国际大都市，小微企业员工、企业家、创业者和自由职业者的数量占劳动人口总数的 30% 至 40%。创意产业的劳动人口数量逐年增加，这种现象已经扩展至其他行业，并正在向其他世界城市蔓延。 2015 年，中国政府出台了鼓励自主创业的新政策，旨在通过创业促进就业，同时还推出了税收优惠政策、社保补贴政策，简化企业登记注册手续 [1]。这意味着创新型初创企业将会获得更多的支持，而这些初创企业对共享办公空间或小型办公空间的需求也越来越多。

我们可以从美国自 2005 年以来共享办公空间数量激增的现象中觉察到上述需求 [2]。很多自由职业者或拥有 1 至 5 名员工的小微企业愿意在创业起步阶段与他人共用服务式办公室或短期共享办公空间，待他们发展壮大后，便会入驻永久性办公空间。虽然他们的办公空间面积不大，大多在 300 平方米以内，但是年轻的创业者会将在生活中形成的分享习惯沿用到可以真实反映公司品牌文化的办公空间内，通过不断增加办公空间的价值来实现产出效益的最大化。

本书精选了多个 2014 年后完工的小型办公空间设计项目，这些项目的面积都在 300 平方米左右。项目类别十分广泛，其中涵盖了设计工作室、媒体创意公司、科技公司、房地产公司、律师事务所几个类别。各家公司的员工人数在 8 人至 40 人不等，这取决于员工人数与顾客数量和供需库存量之间的比率。然而，由于城市空间有限且价格不菲，越来越多的公司不再依赖大型空间而是偏爱面积有限的狭小空间，这已然成为一种新的趋势。本书中的所有特色项目均是展现设计如何让有限空间发挥最大效能的杰出案例；这些办公空间不仅可以用来办公，员工们还可以在此开展多种生活活动和社交活动、接待访客、展示公司作品等，上述活动均可在一个温馨舒适、赏心悦目的环境下展开——这显然与办公空间的质量而非数量有关。本书收录的项目向读者展示了如何让有限空间发挥最大效能的诸多创新办法，而这些办公空间的自然采光和净空高度大多有限，且项目预算不多。或许正是这些实际限制因素激发出更多富有创意和前瞻性的想法，将空间利用推向极致。

从“办公室”到“办公空间”：轻松、友善的办公空间

我们的办公场所已经由“办公室”转变成“办公空间”。个人移动设备的使用率在过去十年间快速增长，如今，我们可以随时随地开展工作。我们已成为了游牧人，每天游走于多个空间。2013 年，54% 的全球信息工作者表示，他们在工作中会使用三个或更多的个人设备，用这些设备从事的活动包括发送电子邮件和短信、查看日历、聊天、记录和社交 [3]。这意味着我们可以在咖啡馆、露台或家中这样的地方办公，而且不是独自一人，只要有合适的 WIFI 和足够的电源，我们便可通过视频会议与同事进行合作。此外，环境的灵活性增加了“人们偶遇的机会”（《哈佛商业评论》的一项研究发现，知识工作者之间的偶遇和互动可以提升他们的表现力。）[4] 打造鼓励员工使用的自由空间，进而增加社会互动已经成为企业关注的首要问题。我们可以将任何空间改造成一个人性化的“场所”。接下来，我将使用“办公空间”一词向大家展现当今社会这种游牧式的工作方式。

游牧式的工作方式具有一定的灵活性，意味着生活、工作和娱乐交叉进行，这已然成为我们大多数人日常生活的常态。人们可以点上一杯咖啡，坐在沙发上一边处理工作邮件，一边经营自己的社交网络。为了让员工在漫长的工作时间里感到舒适，越来越多的公司提出要打造可以满足员工舒适性要求和社交需求的办公空间。即便是狭小的办公空间，也要极力实现私人空间、半私人空间和开放活动空间之间的平衡。

我本人就是一名设计师，拥有多年的室内设计经验，我的客户多是具有前瞻性的创意公司，在进行他们的项目时，我对办公空间设计进行了深入研究，对此有很深的见解。快节奏的工作方式催生出充满活力的企业文化，员工们总是在四处游走，他们不再是整天坐在自己的办公桌前，而是会来回走动与其他部门的同事进行协作。员工们不再预订会议室召开正式会议，而是在储藏室或是走廊上进行非正式会面和聊天，他们也不再需要正式的 AV / IT 设备，而是可以坐在咖啡桌旁的沙发上用笔记本电脑开网络电话会议。

因此，无论面积大小，所有办公空间都将面临下面几个具有挑战性的问题：首先，什么样的设计可以让有限的空间发挥最大的效能呢？其次，如何以经济实惠的方式实现设计理念呢？最后，或

许也是最重要的，出色的设计方案是如何营造出让员工们感到舒适、备受鼓舞的办公空间的呢?

第一项挑战是要在发挥空间最大效能的前提下，全方位地了解办公空间内可用活动区域的范围和其他未指定空间的范围。基础性活动在下面几个区域内进行：封闭空间用来开展私人工作和会议，半封闭空间用来召开非正式会议，开放空间用来开展例行工作和非正式互动活动。即便是在小型办公空间内，功能分区也至关重要，其目的是提高员工们的沟通效率。此外，办公空间内还需要一个非指定性人文空间，鼓励员工们在办公空间内活动，增加员工们偶遇的机会，进而激发他们的创造力。传统意义上，员工们需要预订会议室，以便交流工作进展情况；但这只会让办公氛围变得死板和压抑。办公空间应当是一个共同分享的空间，鼓励员工们聊天和互动；员工们可以坐在舒适的沙发上开会，发表自己的见解；也可以在一个温馨的环境里与访客和合作伙伴展开合作。此外，为员工们提供一个能够集中注意力的“脱身”空间也同样重要。本书收录的项目大都提供了可以培养社交直觉的功能性空间。设计师们运用各种概念性工具来实现这一点，例如运用材料和颜色来创造各式各样的体验、使用并置的雕塑元素来突出重点和亮点等——旨在营造一个友善的“非办公”环境。诸多不同类型的办公空间的出现意味着再也不存在“1 人 = 1 张桌子”的形式，因为人们在办公空间内的任意可用位置办公。

第二项挑战是预算问题，这是很多企业都会遇到的问题。在创业起步阶段或最初的几年里，很多小微企业都会短期租赁小型临时办公地点，因此，这些企业对装修材料的投入可能没有大型企业的投入多。同样的空间，大型企业可能会花费很长的时间进行装修，也会购买更贵但却耐用的材料。本书收录的一些特色项目表明，设计师可以通过明确优先等级，构思出能够有效利用资金的方案，因此，设计师需要为特色元素的设计留出预算，或是将预算分摊到各个空间的设计上。2013 年，我和我的合伙人洛伦妮•福尔（Lorène Faure）共同创办了我们的设计工作室 Bean Buro，我们在香港人口密集的市中心租用了一间 84 平方米的小型办公室。随着租金价格的上涨，我们希望在两到五年的时间内花钱整修工作室的想法泡汤了。但是，作为设计师的我们可以自行搭配色彩和材料，为自己和员工打造一个舒适温馨的办公环境。我们使用价格实惠的材料装饰普通的建筑表面，而在一些可持续使用直至公司扩展搬入新办公地点的高品质产品上大力投资。有人或许还会担心 AV/IT 设备的成本问题，但是通过使用个人设备和应用程序，AV/IT 设备的成本降低了。

为了平衡创意办公空间内雕塑隔板墙的费用与质量的问题，Bean Buro 设计工作室对不同等级胶合板的质量进行了仔细检查。

Bean Buro 设计工作室的办公空间占地 84 平方米，是书中面积最小的项目。这一办公空间可以轻松容纳 11 个人，中央会议桌上方安装有两个大型吊灯。

第三项挑战是最为重要的也是最具挑战性的挑战：即便办公空间的面积有限，也要为员工和访客营造一种舒适的氛围。设计巧妙的办公空间可以提升协作型小公司的企业文化、激发员工的创造力[5]。不是每个项目都能够做到这一点。由于空间或是预算有限，一些设计师和他们的客户可能很难将创新理念付诸实践。有的干脆没有多余的人才去创造功能要求以外的空间体验。我们应该学习一下那些颇具才华的设计师是如何运用多种不同的概念性工具应对挑战的，并将他们的理念推向那些无人涉足且可能产生创造性成果的领域——我们称之为“具有独创性的设计”。

设计元素的应用

材料、色彩和物品的运用

在有限的空间内，材料、色彩和物件可以起到提高视觉、生理舒适度和兴奋度的作用。这些元素的合理组合可以提高空间的实用性和美观性。在对我们自己的工作室 Bean Buro（见 14 页）进行设计时，我们精心研制出一种材料和三重色彩：木制的地板和家具与蓝绿色的渐变墙面营造出一个与工作室品牌颜色有关的安静雅致的办公环境。

通过明确不同的元素来创造空间的可辨识性是非常重要的。例如，渐变效果只适用于一面墙壁而不适用于其他墙壁，木料只可用于加工地板和低值易耗的家具，从而营造出一种不同于墙面的效果。即便项目的面积仅为 84 平方米，但我们仍然设法在一个开放的空间内分隔出多个可以开展各类办公活动的区域。半高的木质隔断将经理办公区与员工办公区分隔开来。

会议区安装有两个标志性的大型吊灯，还摆放有为员工准备的办公桌和为访客及合作者准备的临时会议桌。考虑到预算问题，我们使用的是价格实惠的地板材料和墙面材料，组合式储物柜、家具等设施均可在未来搬进新的办公空间时再次使用。为了增加小型办公空间的灵活性，我们将中央会议桌设计成可拆卸的弧形会议桌。将几个部分拼接起来便可组成一张可供 15 人使用的大桌子；不用时，还可将大桌子拆分成 8 人办公桌，拆卸下来的部分还可在公司举办活动期间作为独立式酒吧桌或自助餐桌使用。

在由 MVN 建筑师事务所设计的 AEGON 渠道顾问办公室项目（见 18 页）中，用木条制成的木板和圆柱形玻璃将几个空间围住，分隔出多个不同的区域。这种材料组合形式简单而有效，木条可以起到隔绝声音和防止视觉干扰的作用，而密闭房间内的吸音吊顶可以吸收玻璃隔板反射的声音。

在由吉田政弘（Masahiro Yoshida）设计的 Yudo 公司办公空间项目（见 28 页）中，人文色彩设计为人们带来了良好的感官体验。一系列色彩丰富、引人注目的传声筒增加了办公空间的趣味性，员工们可以在通过传声筒与房间那头的同事说悄悄话。这些声音设备将前厅与内部办公区联系起来，而内部办公区内的大型办公台面有助于员工们进行沟通和合作。

与彩色传声筒类似，在由 Brain Factory 建筑设计工作室设计的 Soul Movie 办公空间项目（见 32 页）中，设计师以伦敦地铁网络为灵感设计了多彩的天花板灯光带，力求在视觉上增强空间直观导航体验。每个地铁站节点都在天花板灯光带上有所体现。

另一个材料布置方面的出色案例是由 Annvil 工作室的设计师安娜·布泰莱（Anna Butele）设计的 SPOT 工作室办公空间（见 38 页），该项目的设计必须克服一个根本性的问题，即办公空间内没有窗户。因此，设计师巧妙运用照明技术，用管灯、聚光灯和日光灯泡打造整体清新氛围，光线流动的动态效果给没有窗户的办公空间增添了趣味性。该项目的材料组合方案是实现金属、合成材料和天然材料之间的平衡，从而营造出清新明快的办公环境。

用亮色突出天然表面层色可以体现鲜明的品牌形象，例如由 Masquespacio 设计工作室设计的 Altimira 培训学校项目（见 42 页），用亮色突出吸引人的东西，如舒适的沙发、标识、花盆、艺术墙、滑动门、书桌，甚至书写板，响应学生与老师之间的动态活动。奇特、有趣或是怀旧的图案可以增加办公空间的个性。

这种设计方式在由 ICEOFF 设计公司设计的 Proekt Agency 办公空间项目（见 48 页）中也有所体现，平面图案被广泛地使用在墙壁和拱形天花板上，再配以斜腿桌子这种创意家具，以此营造一种不同寻常的感觉。

由 Dreimeta 设计工作室设计的瑞士旅业集团纽卡斯尔办公室项目（见 52 页）利用独特的多色条纹纺织品装潢休息区，与展示墙上多彩的书籍和物品形成视觉上的联系的同时，向来访者展示纽卡斯尔办公室遍及全球的业务范围。

由 Studio Wood 设计中心设计的 Truly Madly 办公室项目（见 58 页）以“街道”为概念，用大胆的色彩装饰空间环境，力求营造出一种轻松的户外氛围。大胆的色彩、霓虹灯指示牌及写满诗文和标语的艺术墙为办公空间注入了新的活力。

色彩可以增加办公空间的趣味性，Bean Buro 设计工作室用色彩鲜艳的布料装饰家具。

创意雕塑元素

书中的多个项目都采用了雕塑元素，用以营造强大的视觉效果。这些雕塑元素不仅可以让来访者眼前一亮，提升公司的品牌形象，有时还可具有实际功能，以更为自由的流动形式将整体空间分隔成几个区域。

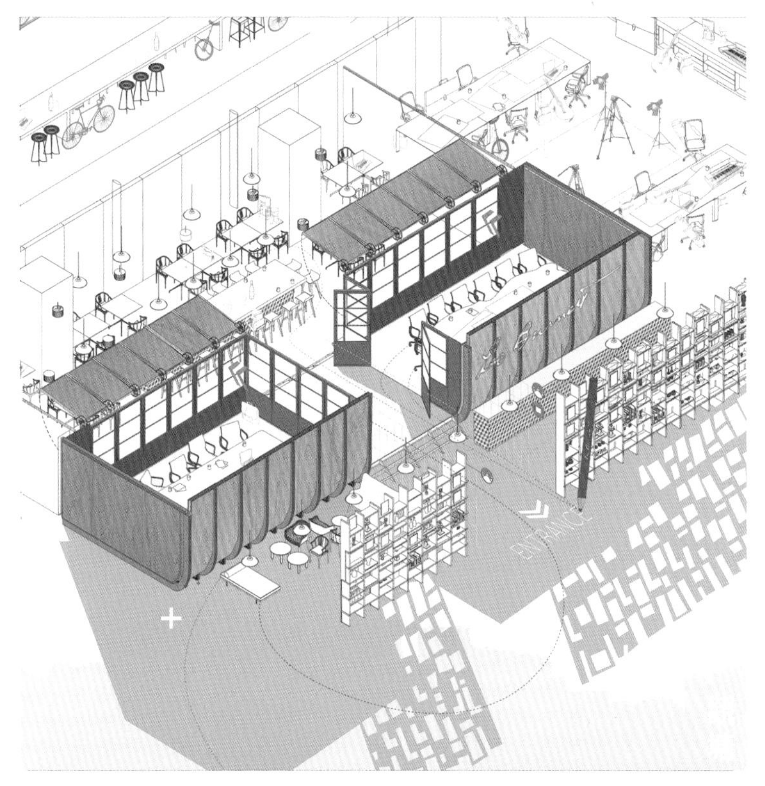

由 Bean Buro 设计工作室设计的特色雕塑会议室的概念模型和图纸，其设计灵感来源于香港当地的货船。

由 Spaces Architects@ka 建筑设计事务所设计的 Cubix 办公室项目（见 74 页）和由设计师卡皮尔・阿加沃尔（Kapil Aggarwal）设计的设计师办公空间项目（见 80 页）的中央空间均是一个椭圆形的会议室，开放式办公空间被随意地安排在会议室周围。椭圆形结构表面上的多孔开口形成了一种视觉上的关联感；多孔表面上的白色无菌语言向办公空间的其他区域扩散。这种设计或许没什么必要，但却可以在一定程度上提高摄影效果。为了达到类似的美学效果，由阿克维勒・米斯克 – 兹维尼恩（Akvilė Myško–Žvinienė）设计的天科公司办公室项目（见 88 页）也设计了一个流动的雕塑元素，将设有床的居家办公室与会议室和淋浴厨房设施整合在一起。办公空间的主要特点是由六个相互关联的定制办公桌组成的开放式办公区。在由陈安斐、朱东晖设计的竹韵空间项目（见 100 页）中，背光雕塑吊顶是参照窗外的卢浦大桥而设计的，吊顶由象征着中国传统的竹条编织而成，从视觉上将整个空间串联起来，竹桥下延处还设有储藏室和接待区背景幕，延伸至空间尽头的竹桥变成了密闭空间的墙面。设计师利用传统的竹编工艺对这家公司的标识进行了重新诠释，将深色的横竹条与浅色的竖竹条编织在一起，以一种传统的方式制作出数字像素艺术图案标识，让数字化设计更加人性化。椭圆形会议室的理念也被运动到小巨蛋的项目中。余颢凌设计公司办公室（见 94 页）的会议室呈椭圆形，其外观像一个鸡蛋。这个标志性的鸡蛋内摆放有一张安装有无线 IT 设备的会议桌。上述案例均使用了创意雕塑元素；设计巧妙的雕塑形式可以作为具有实际功能的建筑元素（如楼梯、天花板、立柱和楼板）使用。由菲尼克斯・沃夫（Phoenix Wharf）设计的 Pixel 公司办公室项目（见 104 页）给人眼前一亮的感觉，入口处的蓝色雕塑楼梯突出了双层高空间的垂直度。设计师在中央会议室旁边修设了一个三角形的接待区和开放式座椅区。这种设计方式简单而有效，而对一个单层高的小空间进行艺术处理也是非常必要的。在由 As–Built 建筑事务所设计的西班牙 As–Built 建筑事务所办公室项目（见 108 页）中，设计师在轻捷骨架结构内用白色木板将自己的办公室打造成一个“小屋避难所”。色彩对比强化了办公室设计的效果，接待区的墙面用暗色油料喷涂而成，用以突显白色小屋的设计。大家可能会对倾斜天花板散射光线的效果产生质疑。为了确保每个办公桌都能获取到足够的光线，设计师特地安装了吊灯和壁灯。木料不仅可以被用来制作雕塑元素，还可以在结构上最大限度地呈现出它所具有的建筑潜力，如在由 Mamiya Shinichi 设计工作室设计的 Pillar Grove 新式办公空间项目（见 114 页）中，双层高的垂直木柱结构支撑起多个高低错落的平板结构，给人一种置身森林中的感觉。这是一个巧妙的建筑构思，在这一构思里，垂直元素充分发挥它的结构功能和分隔空间、存放物品的空间功能。设计的关键是要展示结构原始状态，刻意露出错层的板边，让人们爱上这种设计楼梯和台阶的方式。另一种结构上的尝试可以从使用像“积木”一样的组合家具来构建各种不同的办公环境中体现出来，由申强设计的 1305 工作室办公空间项目（见 118 页）便是如此。人们可以将盒状的细木工制品重新组合，将一个开放式办公空间改造成“聚会空间”、“阅读空间”、“T 台”和其他活动空间。四四方方的木盒可被堆叠成半高或全高的隔断书架，而四四方方的桌子和长凳可被组装成各种形状的座椅。这种高度的灵活性在以前是无法想象的，因为每个结构重组只会导致电缆管理混乱，而且还需要顾及太多的 IT 设备。这原本是一个特别受欢迎的设计构思。然而，在当今倡导的无纸化办公环境里，越来越多的工作可以借助无线网络和个人移动设备完成，这些限制因素再也不是 21 世纪的办公场所需要担心的问题。

“家一样感觉”的办公环境

办公室不再是那种让人倍感压抑的严肃空间。当然，在某些情况下，尤其是接待区的设计，应当突出企业的品牌个性，给访客眼前一亮的感觉，但是在大多数情况下，办公空间应当给员工一种家一样的感觉——很多员工在这里夜以继日地工作。让你的员工摆放一些个人物品，如照片、装饰品、马克杯等，这样做花费不多但效果却是立竿见影[6]，可以增进人们之间的信任和关系，营造一个和谐的办公环境。

这样做可以提高工作积极性，让人们在紧张的工作之余感受到一种温馨舒适的感觉。由 Zemberek Design 事务所设计的 E.B. 办公室项目（见 126 页），是为一家纺织公司的市场部经理设计的，这是一项颠覆性的尝试，将先前的纺织厂车间变成一个舒适温馨的办公空间。地面铺设有木制地板，并配以家庭式样的丝绸窗帘和杯子、书籍等温馨的家居装饰品。同样，在由 1:1 建筑工作室设计的 1:1 建筑工作室办公空间项目（见 130 页）中，设计师用家居物品对办公空间进行装饰，如设计师收藏的带有温馨气息的家具、光线柔和的照明设施、绘制有小猫图案的地毯等。复古与现代的气息体现了使用者的个性。我们的工作生活和家庭生活之间的界限变得越来越模糊，因而办公空间的设计必须满足我们的工作需求和生活需求。在由 Ruetemple 工作室设计的车库变身艺术工作室项目（见 134 页）中，设计师在房屋扩建部分为使用者打造了一间工作室，工作室内设有一张睡榻，位于与楼梯相连的夹层区内 。这是一个功能完备、富有成效的办公空间，带有外露木梁和细木工元素的斜屋顶让这间工作室看起来更像是一个

Bean Buro 设计工作室在办公空间接待区的墙体内安装了一个壁炉，为访客和员工营造一种舒适、温馨的客厅氛围。

由 Bean Buro 设计工作室设计的城市咖啡馆位于一个复古风格的办公空间内，这里配备有饮料冷冻机和啤酒饮料机，其设计灵感来源于城市街边市场。

乡间别墅。这间工作室的设计很好地平衡了使用者的工作需求和生活需求。有些办公空间则是家庭生活体验的再现， 比如在由 BENCKI+design 工作室设计的律师事务所办公室项目（见 140 页）中，设计师为古旧建筑配以住宅小区内常见的窗户和暖气片，并在办公室内摆放传统的木制皮革家具，旨在与他们的客户建立起情感上的联系。同样，在由设计师西尔维亚·斯特拉·加林贝蒂（Silvia Stella Galimberti）设计的罗马律师事务所办公室项目（见 144 页）中，中性色彩的装饰和家具营造出一种温馨舒适的家居体验。艺术雕塑和特效灯也是办公空间的一大亮点。我和我的合伙人洛伦妮·福尔在我们的工作室中为多家创意公司设计了温馨舒适的办公空间；我们甚至还在其中一个项目的接待休息室内安装了一个可以取暖的壁炉，为员工和访客营造一种家的体验。壁炉的效果令人惊奇，点燃壁炉的同时，人们开始闲聊和休息，休息室立刻变成了一个社交空间。在这里举办派对活动时，有的人拧开了一瓶香槟，有的人在弹吉他，这种场景就好像你在家里举办晚宴一样。小型办公空间的面积多与住宅空间的面积相似，这并非偶然，在这种类型的办公空间内更易营造家的感觉——这在较大的办公空间内却是很难实现的。

在粗犷的背景里提高创造力

很多办公空间均对工业建筑的原有特色进行利用，这种情况越来越多见。利用效果大多不错。有些办公空间将高高的举架、裸露的建筑立柱和横梁、破旧的木料或是混凝土地板完美地结合在一起，裸露的砖墙与干净的玻璃隔板形成鲜明对比，在空间内摆放组合家具和舒适的现代家具、灯具和那种看起来还不错的艺术品。

人们可以接受些许的声音回响。其中一个可能原因是，在开放式阁楼般的空间内，人们更愿意与对方聊天。这是为什么呢？试想一下，当在餐厅只有你们两个人坐在另一对夫妇旁边，你们说话的声音会很小，但是当越来越多的人走进餐厅后，你们必须用高于环境背景声音的声音说话。在办公空间内亦是如此；一个开放空间内的环境噪音可以为人们营造一个充满活力的谈话氛围。事实上，粗犷风格的设计已然是一种很有成效的设计趋势，设计师甚至会特意在一个崭新的办公大楼内建造这种带有工业气息的楼面。材料细分将在未加工状态下进行；腐烂的木门、经加工的木地板和胶合板、氧化的金属板等等。

在由 Design Haus Liberty 建筑事务所设计的 AnalogFolk 广告公司办公室扩建项目（见 150 页）中，传统的人文元素与象征着广告公司目标的数字技术一起发挥着作用。该项目的设计与伦敦克勒肯维尔地区的工业背景相互呼应，设计师让捡来的可回收物品发挥新的功能，例如接待室和会议室内的木门、用旧玻璃瓶制成的吊灯，用刨花板（OSB）再生家具改造而成的吧台和入墙式座椅等木制品。在带有黑漆锻铁立柱、横梁等金属细部的工业背景的映衬下，办公空间的整体氛围与英国的环境十分契合。

由 Trifle Creative 室内设计公司设计的 AEI 传媒公司办公空间项目（见 156 页）用全尺寸木制墙板作为媒体公司的背景，而多彩的家具和自行车挂墙架则象征着喧嚣城市与平静乡村的融合。书架后面隐藏有一扇通往混音录音室的暗门，营造出一种神秘的气氛。混音录音室通道的设计或许有些花哨，其设计灵感来源于电影场景，带有奇妙的讽刺意味。

在由安娜·柴卡（Anna Chaika）设计工作室设计的创意阁楼办公空间项目（见 190 页）中，砖块、水泥和木料赋予空间强烈的城市特征，与黄色和黑色的细木工制品和家具相协调。会议室内，可回收利用的纸管被切割成合适尺寸，用来安装具有美感的照明设备。事实上，更多的设计理念是从工业灵感空间中萌生的。粗犷美学不仅仅是一种视觉灵感，其潜在能力可以引发功能性的效应。

在由设计师奥达特·格拉泰罗（Odart Graterol）设计的加拉加斯共享工作空间项目（见 160 页）中，设计师擅长使用大胆的色彩和粗犷的材料，更擅长借助可移动的隔墙来创建一个可以开展各种大型活动的高度灵活的空间，擅长在开放空间内划分出多个不同的内部分区——这一设计理念借鉴了工厂的空间结构。在工厂结构的空间内，空间划分可以非常灵活，但是灵活的空间划分对照明系统有更高的要求。

在由 SUPPOSE DESIGN 建筑设计事务所设计的 SUPPOSE DESIGN 建筑设计事务所东京办公室项目（见 166 页）中，设计师将自己的办公室设计成了一个带有工厂气息的舒适的开放式空间。项目场地内的混凝土墙和天花板裸露在外，地板和桌子由原木制成，设有多个共享办公区和一个小咖啡馆。照明设计是工业梁状轨道照明系统的一个标志性设计，每条线性光束都用氧化金属材料进行装饰。使用轨道灯的好处在于可以沿着轨道对每个灯具进行移动和调节。

在由 ARRO 工作室设计的 Clarks Originals 设计工作室项目（见 170 页）中，项目场地先前是一家制造造鞋工具加工厂的仓库，钢梁和钢柱结构已经存在。设计者利用使用工业钢梁和钢柱的机会将电缆运送到办公桌旁边，从而摆脱了使用人工高架地板与地板插座电缆的传统方法，打造了一个大型的中央开放式的空间，在地板中央摆放了一张标志性公用长桌，为周围的办公区和封闭空间提供支持。此外，鼓励使用可以滑动和转动的悬浮软木塞板，对有分区需要的空间进行灵活划分。现在，我们来看看另一种完全不同的类型。

在由 Zemberek Design 事务所设计的 Vigoss 研发工作室项目（见 178 页）中，纺织公司的办公空间内布满了流动的木制结构，木制结构将检查产品、进入库房、开个小会、闲谈等工作行为融合在一起，如检查产品、去仓库、开会、休息和聊天。柔和的光线打在挂于墙面旁边的纺织服装上，员工们可以沿着木制结构走行，然后进入高度不一的库房，将生产材料放置在相应的区域供员工自行选择。天花板的空隙布满了线性照明装置，因此员工们不会迷失方向。天花板空隙的几何结构与下面的木制结构相互映衬，可以为空间增加方向感。

有些办公空间类型较为特殊，例如由曼努埃拉·托尼奥利（Manuela Tognoli）设计的 Portuense 201 创意园区办公空间项目（见 184 页），设计师在保留原有建筑的基础上，对这里进行彻底翻修，修设了 10 间办公室。这个特色场地为人们提供了一个富有趣味的工作环境，裸露在外或是未经加工的古旧建筑墙面、木制天花板和地板让这里成为充满罗马创意文化气息的历史景观。

借助绿色植物将室外空间引入室内环境

多年来的研究表明，在办公空间摆放植物可以调节情绪，有利于员工健康。植物可以减少二氧化碳和挥发性有机化合物、提高空气质量，而人们在凝视周围环境时产生的视觉刺激可以帮助他们释放压力、提高工作效率。昆士兰大学心理学院于 2014 年开展的一项研究发现，摆放有多种植物的办公室可以提高 15% 的工作效率[7]。除此之外，绿色植物可以将室外空间引入室内环境，为人们营造一个不同以往的办公环境。无论是气氛轻松的非正式碰面还是重要场合的正式面谈，摆放有绿色植物的办公环境都可以让人们摆脱刻板的谈话，让交谈变得更加自然、真诚。

这些理论已经被付诸实践，但终究是知易行难。简单地将大量盆栽堆放在办公室周围是没有效果的，这不仅会导致视觉上的拥挤感，还会引发更多的盆栽维护问题。因此，设计师必须认真考虑植物的摆放问题，让植被融入到室内设计中，这与精心设计一座花园的难易程度相当。那么，哪些建筑方法可以让绿色植物融入到室内环境，让其发挥最大的效能呢？我们又如何把握室内环境与室外环境之间的关系，模糊它们之间原本存在的界限呢？

在由 exexe 工作室的设计师利贾・克拉叶芙丝卡（Ligia Krajewska）与雅各布・普斯特隆斯（Jakub Pstraś）设计的华沙 Centor 展厅项目（见 196 页）中，委托方意图对公司门类产品进行展示想法让设计师以特别方式对空间内多个分区进行整合的构想成为可能。为了展示外门产品，设计师用绿色植被装点“庭院”的内部，用以达到模拟室外花园体验的目的。这样便装点出一个半开放式结构的奇特花园，可以当作办公空间内灵活的活动空间使用。委托方意图展示门类产品的想法引发出意想不到的效果，设计师成功地将办公空间打造成一座美丽的花园。在由阿克维勒・米斯克 – 兹维尼恩设计的 Eurofirma 公司办公室项目（见 202 页）中，设计师在玻璃隔断内修设了三座微型日式花园，竹子从白色的鹅卵石中生长出来，在灯光的映射下，显得格外青翠。栽植有竹子的玻璃隔断将工作区与其他区域分隔开来，让整体空间更具层次感。由阿吉建筑事务所（AGi architects）设计的 Prointel 电视公

由 Bean Buro 设计工作室设计的共享式长桌将户外平台和办公空间联系起来。

司办公室项目（见 210 页）是围绕电视制作公司的一个中央花园庭院设计的。设计师借助灰色地板砖将环绕式通路连接起来，同时让自然光线渗入花园周围的办公空间，尽可能地增加室内空间与室外空间的流动性。在这个案例中，位于办公空间中央的花园是主要的社交空间，是所有人每天必须经过的地方。同样，在由 Desnivel 设计公司设计的 Matatena 阁楼办公室项目（见 216 页）中，设计师参照建筑入口处的外部庭院设计了两座内部庭院，由此建立起室外空间与室内空间之间的联系。整个办公空间有两层高，其中一个内部庭院的设计恰好利用了这里的空间优势，庭院内生长的树木更是增加了这家平面设计工作室的垂直空间感。有些时候，绿色植物也可以起到品牌宣传的作用，例如在由 MNdesign 工作室设计的 Sabidom 公司办公室项目（见 222 页）中，设计师用植被装饰办公空间，凸显 Sabidom 公司在修建联排别墅上的优势，提高 Sabidom 公司的社会认可度。植物从接待室的天花板上垂落下来，被喷涂成绿色的墙面和绿色的织纹地毯一直延伸至传统办公区，用以彰显 Sabidom 公司倡导绿色生态的核心理念。或许我们可以尝试一下更为实用的方法，由 Jvantspijker 城市建筑研究院设计的带有屋顶花园的阁楼办公室项目（见 230 页），在旧蒸汽车间内打造了一个双层高的空间，底层空间是一间特色会议室，会议室旁修设有通往上层屋顶花园的楼梯。会议室上面的屋顶花园内堆满了绿色植物，可供人们休闲放松使用。有些时候，我们可以看到这样的景象：有些人在为上层屋顶花园内的植物浇水，而有些人却正在下面的会议室做会议演示。在这样的办公环境下工作，可以增加员工对企业的认同感。本书中还收录了几个将绿色植物充分融入到空间设计的案例，例如在由 FIELDWORK 建筑设计公司设计的波特兰 BeFunky 办公室项目（见 234 页）中，设计师将植物摆放在办公桌之间半高的组合储物架上，为设有木制隔墙和黑色细木家具的办公空间增添了勃勃生机。在由 Spacon & X. 设计公司设计的 Space 10 未来生活实验室项目（见 240 页）中，设计师在 IKEA 创新实验室的各个区域摆放了多种盆栽植物。为了满足多种活动需求，所有细木制品均被设计成可移动的组合构件。当储物架被推走时，人们可以将储物架上的盆栽植物移置别处，或是将盆栽植物堆放在好似“温室”的透明隔断内。由 Fraher 建筑设计公司设计的 Green Studio 阁楼办公室项目（见 248 页）将室外平台植物与室内办公空间设计结合起来。在对工作室的外观和朝向进行规划和设计时，设计团队尽量减少工作室对周围建筑和环境的影响，同时确保花园和办公空间能够获得足够的天然采光。设计方案由几个部分组成，倾斜的几何形屋顶变成了一个绿色植物平台，长势茂盛的野花从屋顶上垂落下来，将部分建筑外墙遮盖起来。自然光线透过倾斜的全高窗户照射进室内，人们也可以透过窗户欣赏到花园内的景致。

本书从正面论证了这一点：当代办公空间有很大的发展前景，因为技术会改变我们的工作方式。在设计办公空间时，设计师无需完全遵照现有的企业文化，而是应当为企业未来的发展留出一定的空间。设计师不应局限在肤浅的美学和风格上，而是应当对借助虚拟界面和现实界面、数字界面和模拟界面来实现的人际互动情况进行反复研究和试验。随着技术的不断发展，人们不再局限于条条框框的办公空间内，因此，设计师需要对有形办公空间的意义和人们对此种办公空间的需求进行重新解读。我们根据社交需求打造有形空间的方式越来越具有挑战性，而具有独创性的解决方案也将会在我们设计小型办公空间时得到进一步的完善。

1. 新华社，“鼓励创业、促进就业的新政策”，中国日报，2015 年 4 月 22 日。http://www.chinadaily.com.cn/china/2015-04/22/content_20510974.htm.

2. 亚当·凡卡罗，“美国共享办公空间的数量正在激增”，2014 年 3 月 3 日。http://www.inc.com/adam-vaccaro/coworking-space-growth.html.

3. 大卫·莱温达，“随时随地开展工作对你的生活和工作来说意味着什么”《快公司》，2013 年 7 月 18 日。http://www.fastcompany.com/3014367/dialed/ what-the-anytime-anywhere-workplacereally-means-for-your-work-life-balance.

4. 保罗·兰德尔·史密斯，“户外空间是 2015 年办公空间设计的重要趋势”，2015 年 1 月 21 日，tangram 室内网。http://tangraminteriors.com/outdoorspaces.

5. 杰西卡·斯蒂尔曼，“10 个可以增进一致性的办公室设计小提示”。http:// www.inc.com/ss/jessica-stillman/10- office-design-tips-foster-creativity.

6. 斯蒂尔曼，“10 个可以提高创新性的办公室设计小提示”。http://www.inc.com/adam-vaccaro/coworking-space-growth.html

7. 鲍勃·贝斯特，“绿色办公空间 = 多产的员工？”2015 年春，《工业和办公室物产开发杂志》。http://www.naiop.org/en/Magazine/2015/Spring-2015/Development-Ownership/Do-Green-Offices-Productive-Workers. Aspx.

Bean Buro
设计工作室

Bean Buro
设计工作室

委托方
Bean Buro 设计工作室

项目地点
中国香港
项目面积
84 平方米
完成时间
2014 年
摄影
Bean Buro 设计工作室

Bean Buro 设计工作室新址位于香港湾仔。书墙是设计工作室的一大亮点，墙面从蓝色渐变为蓝绿色，梦幻般的色彩点缀出别样的办公空间。弧形中央会议桌上方安装有两个大型吊灯。展示墙上展出的是工作室近期的作品。

这一办公空间占地 84 平方米，墙面由蓝色和蓝绿色的涂料喷涂而成。具有良好声学特性的毛毡可被用来制作窗帘、会议椅和大型吊灯。定制的会议桌则是用数控激光切割而成的，定制的会议桌的尺寸为 80 厘米 x 200 厘米 x 74 厘米，大型吊灯的尺寸为 80 厘米 x 45 厘米。

办公空间的中央设有一个弧形会议桌，会议桌上方安装有两个大型吊灯。工作室的成员们可以在这里讨论设计方案或是接待访客，还可根据具体需求，展开会议桌、增设座位。

设计师选用了让员工倍感舒适和放松的材料对办公空间进行布置，是办公空间设计的新尝试。事实上，舒适的办公环境有助于调动员工的生产积极性，让员工以饱满的热情投入到设计工作中。

该项目面临的主要挑战是预算问题和速度问题。为了解决这两个问题，设计师使用了大量组装好的结构，将场地施工时间缩短为 21 天。这些结构的使用周期很长，可以根据未来需要进行重新组装，这在一定程度上降低了材料成本，达到了省钱的目的。这些价格实惠的材料组合在一起也可以营造出一个雅致美观的办公环境。

1 | 2

1 从工作室入口便可看到开放空间内的布局，空间内设有办公桌和中央会议桌，半高的木质隔断将经理办公区与员工办公区分隔开来

2 板纹地板、毛毡吊灯和毛毡窗帘的使用为员工们营造了一个轻松的办公环境

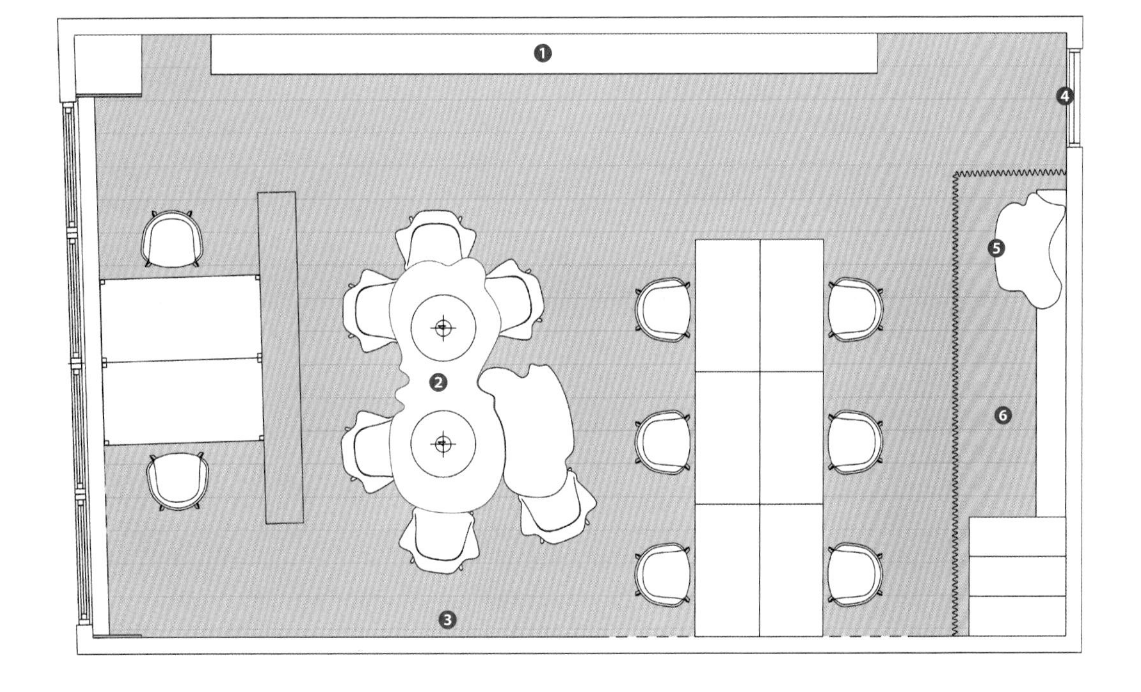

空间平面图

1 书墙
2 会议区
3 展示墙
4 工作室入口
5 茶水间
6 储物间

3 | 4
 | 5

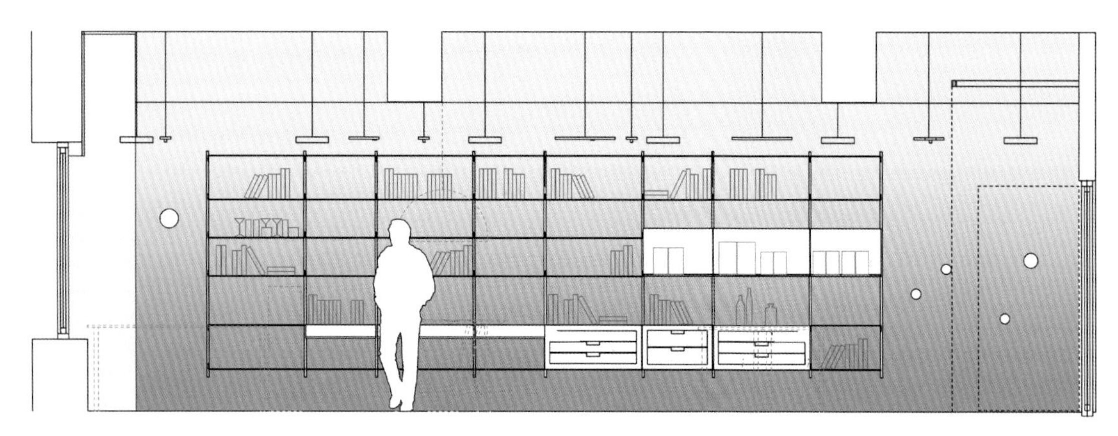

梯度墙立面图

3 会议区安装有两个标志性的大型吊灯，用毛毡制成的吊灯具有良好的声学特性，可以吸收部分声音
4 裸露的天花板上安装有各种照明设施，办公区安装的是漫射光照明设施，而展示区安装的是聚光灯
5 定制的弧形中央会议桌可以鼓励员工们进行社交互动，通过增加偶遇的机会来激发员工们的创造力

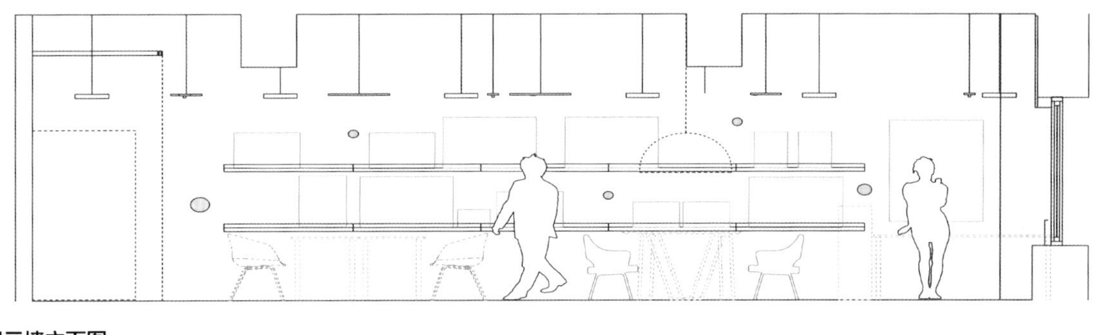

展示墙立面图

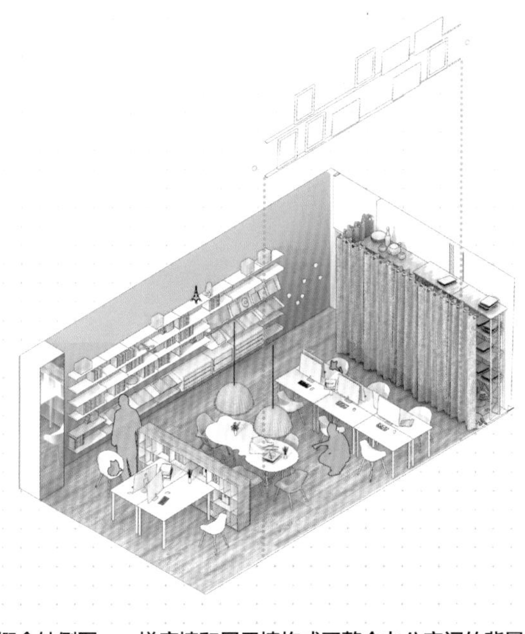

概念轴侧图——梯度墙和展示墙构成了整个办公空间的背景

室内设计

MVN
建筑师事务所

项目名称

荷兰全球人寿保险集团渠道顾问办公室设计

委托方
荷兰全球人寿保险集团

项目地点
西班牙马德里
项目面积
200 平方米
完成时间
2015 年
摄影
MVN 建筑师事务所

1 | 3
2 |

1 其中一间会议室
2 经理办公室
3 会议室位于封闭的透明玻璃圆柱体内

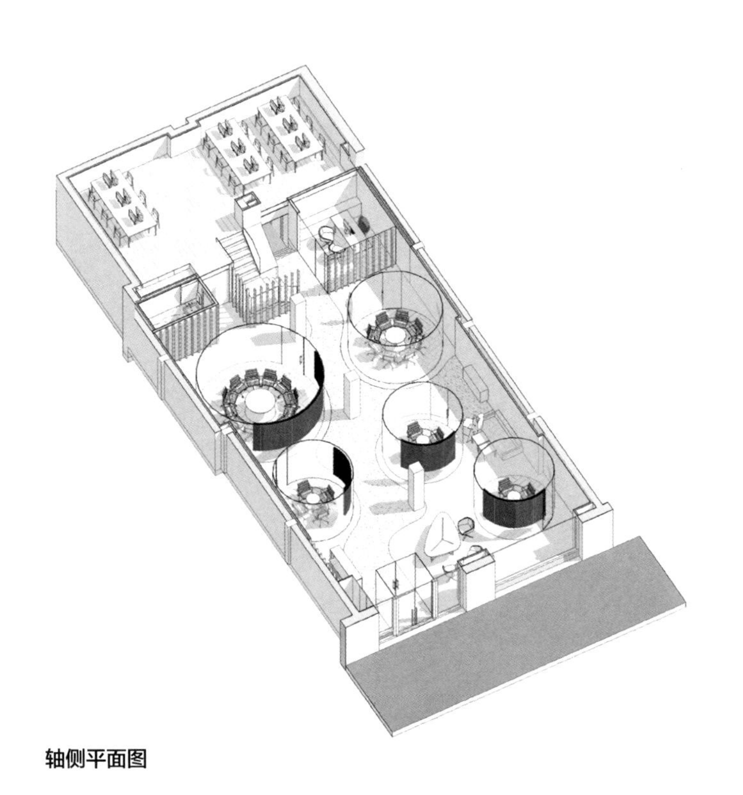

轴侧平面图

MVN 建筑师事务所的设计师设计了一间带有圆形玻璃房间的办公室，其设计理念来源于荷兰全球人寿保险集团的本质价值。办公室设计以人为核心，与无法预知的时间形成对比，有着一定的确定性、透明度和可靠性。环境总是处于不断的变化之中，荷兰全球人寿保险集团全新的品牌形象在不同的空间内均有体现。应对变化的最佳方式是采用低摩擦的完美外形。“消除不确定性”的概念也被应用到该项目的设计中。

“消除不确定性”的概念是该项目的核心。会议室位于一个封闭的透明玻璃圆柱体内，在会议室外办公的员工也可以看到会议室内的景象，这种设计方式可以增进人们之间的信任，营造出一种轻松的氛围。

如果有必要的话，设计师希望安装移动窗帘，以确保员工的隐私权得到保护。室内办公室的独特设计理念可以帮助人们对荷兰全球人寿保险集团的品牌有一个清楚的认识。三间尺寸不一的会议室可以满足不同的会议需求。

办公室装修所用的材料有助于提升荷兰全球人寿保险集团的品牌形象，使其有别于其他的办公室风格。

4 | 5 6 7

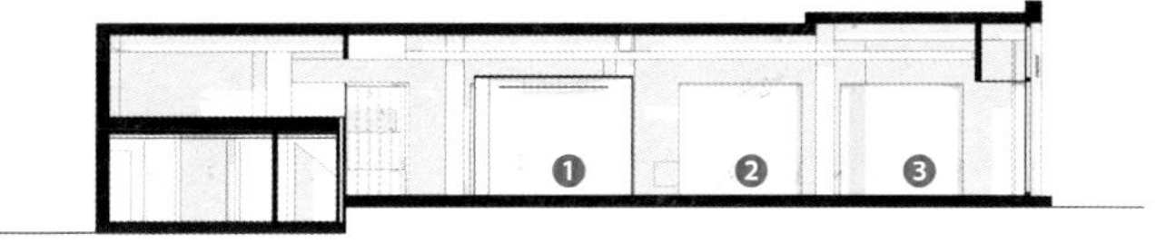

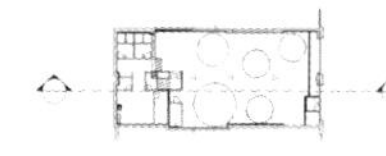

纵剖面图

1 主会议室
2 会议室 2
3 会议室 3

4 木柱被广泛地应用在办公空间的设计中
5 从入口空间望向会议室
6 室外空间
7 绿色植物

8 休息区
9 透明玻璃圆柱体将多个会议室分隔开来
10 接待休息区
11 通往上层办公区的楼梯
12 接待区
13 会议室

8 9 | 12 13
10 11 |

↘

1 卫生间1
2 卫生间2
3 衣帽间
4 浴室
5 员工办公室
6 储物间
7 办公区
8 经理办公室
9 会议室1
10 会议室2
11 会议室3
12 开放空间
13 卫生间
14 主会议室
15 会议室4
16 接待区
17 入口空间

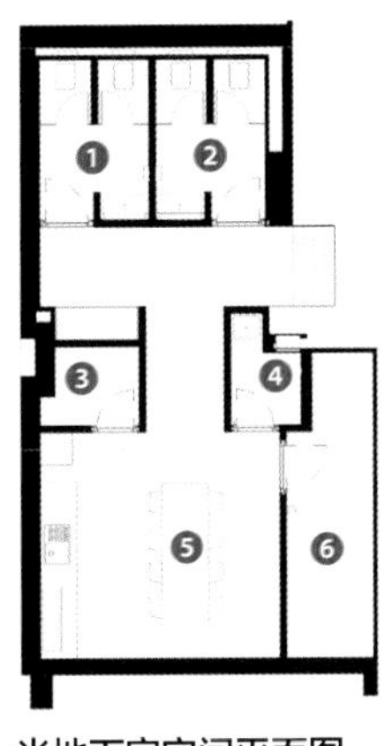

半地下室空间平面图

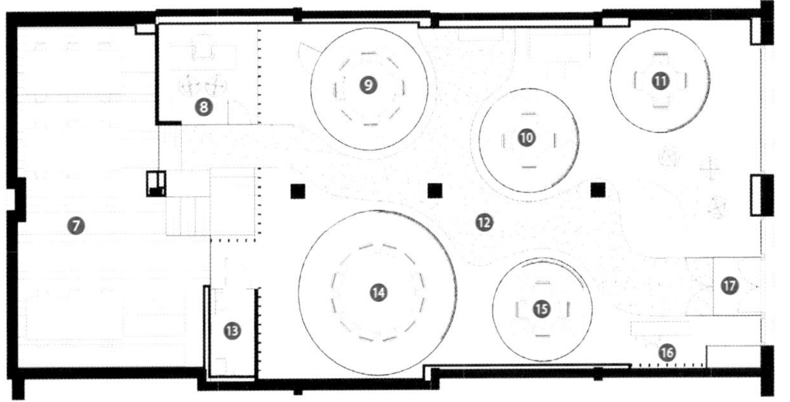

底层平面图

mode: lina architekci 建筑工作室

HIGH5 服装设计培训空间

委托方
HIGH5 服装设计培训部

项目地点
波兰华沙
项目面积
175 平方米
完成时间
2014 年
摄影
马尔桑 · 拉塔扎克

为了给学员们营造一个良好的培训氛围，HIGH5 服装设计培训部决定委托 mode: lina architekci 建筑工作室在其位于华沙的新总部内打造一个独特的培训空间。

设计师更喜欢培训中心的特色标识。墙面、地板和天花板上点缀有特色装饰线条，这种设处理方式增加了室内空间的动态感。

设计师采用了极简主义的设计风格，力求找到在每个细节上都堪称完美的材料。设计的关键是在各个空间之间留出便于活动的空间。墙面上简单易懂的符号对整个空间的极简主义设计理念进行了补充。

设计师的任务是设计一个可以彰显品牌内涵的特色培训中心，将特色装饰线条融入到 HIGH5 标识的设计中。

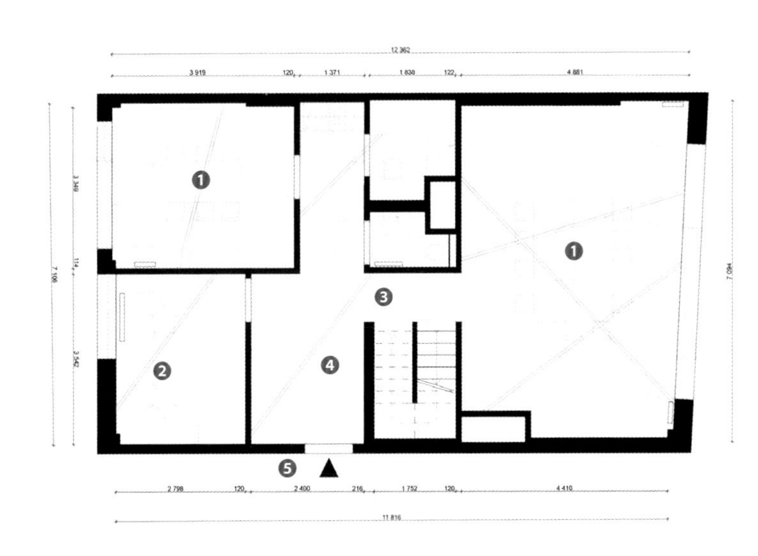

空间平面图 1

1 培训室
2 办公室
3 门厅
4 接待室
5 入口

1 | 3
2 | 4

1 接待区
2 走廊
3-4 会议室

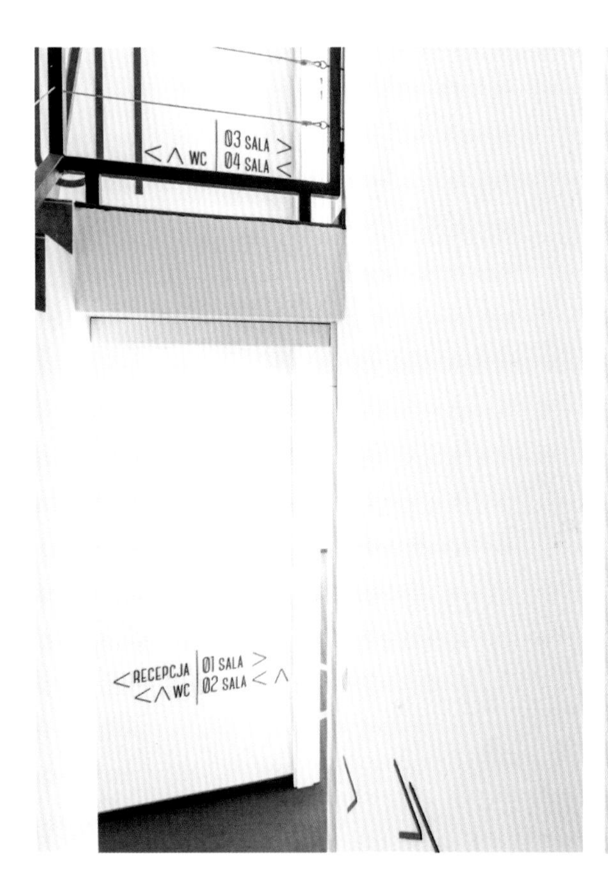

< ∧ WC | 03 SALA >
04 SALA <
< RECEPCJA | 01 SALA >
< ∧ WC | 02 SALA < ∧

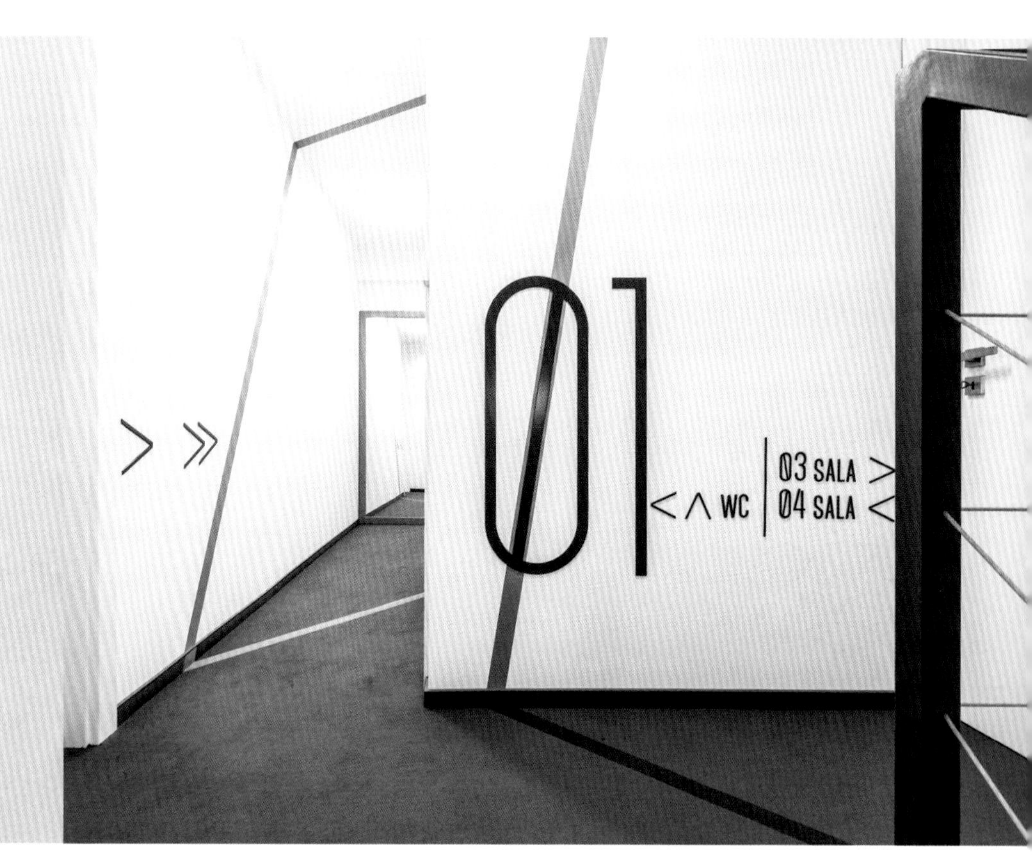

01
< ∧ WC | 03 SALA >
04 SALA <

HIGH5
TRAINING GROUP

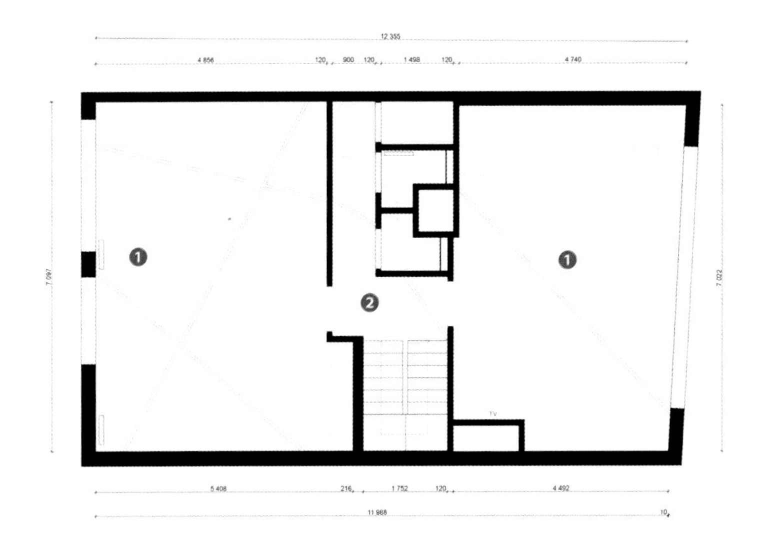

空间平面图 2

1 培训室
2 门厅

5 6 | 8
7 | 9
| 10

5-6 走廊墙面上的指示标识
7 舒适的休息区
8 会议室
9-10 培训室

KAMITOPEN 建筑事务所，吉田政弘

Yudo 公司的办公空间

委托方
南云玲生

项目地点
日本横滨
项目面积
143 平方米
完成时间
2014 年
摄影
宫本圭佑

1 办公空间全景图
2-3 传声筒
4 色彩缤纷的传声筒模拟系统

Yudo 公司拥有一个为客户提供快乐体验的创新工作团队，他们通过开发智能手机应用软件，激发人们的五感体验。只要动动你的食指，你就可以轻松制作音乐、绘制图片或是与千里之外的某个人讲话。Yudo 创新工作团队的成员尽情开动大脑，积极探索应用技术，将他们的服务推广至全球范围。

这一次，Yudo 公司希望 KAMITOPEN 设计团队能为这群创意工作者打造一个能够激发大脑思维、时刻感知与他人“互联”的创新型办公环境。

因此，设计团队决定将整个办公空间看作一个整体，设计了一张大型办公台面，并在上面挖了多个可以进出的洞口，这样便形成了一个连贯的办公台面，洞口之间设有可开合的台板，便于员工进出和互动。此外，设计团队还在入口处设计了一个有趣的传声筒模拟系统，将访客和员工“互联”起来。对于一家互联网科技公司来说，这种即好玩又有趣的设计可以给理性的思维空间带来充满想象力的童趣氛围，让温暖和关怀心手相传。

设计团队希望通过这样的创新设计，加强 Yudo 公司员工之间的联系与沟通，一如他们与全球客户建立的密切联系。

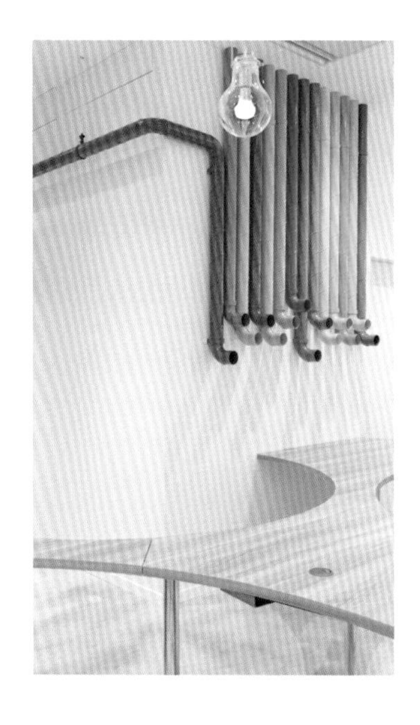

5-6 办公区
7 会议室
8 可拆装桌面

5 | 8
6 7 |

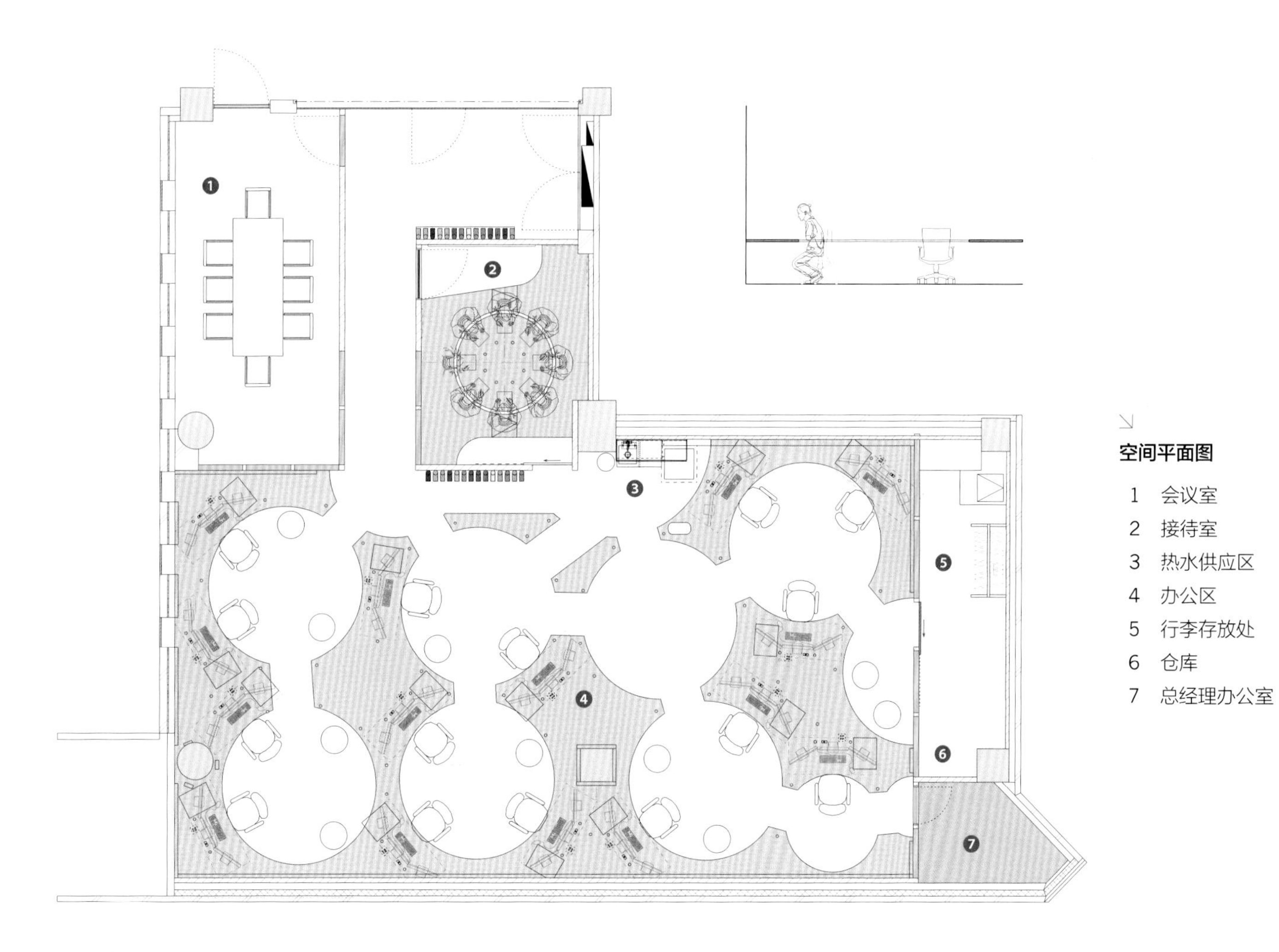

空间平面图

1 会议室
2 接待室
3 热水供应区
4 办公区
5 行李存放处
6 仓库
7 总经理办公室

Brain Factory 建筑设计工作室

Soul Movie 办公空间

委托方
Soul Movie 娱乐公司

项目地点
意大利罗马
项目面积
300 平方米
完成时间
2014 年
摄影
马可 · 马罗托

Soul Movie 娱乐公司是一家提供视听产品后期制作服务的公司。该公司的品牌标识带有明显的城市印记，其设计灵感来源于人们熟知的伦敦地铁符号。事实上，设计出具有鲜明特征的品牌标识仅仅是一个开始，设计师希望通过对错综复杂的地铁线路进行探究，打造一个能够解读城市地铁创新理念的空间。初到一个陌生的大城市时，人们会对城市入口产生特殊的感受，他们对这个城市的印象也就此开始。在对该项目进行设计时，设计师意图再现这种体验：带有公司品牌标识的拉门缓缓开启，将来访者带入一个特定的情感意境中。走进这个空间时，来访者的眼睛立刻被一个不明物体吸引：一个红色的多面结构，这里安装有 Soul Movie 娱乐公司的核心设备——最为强大的创新调色系统 Da Vinci Resolve。多条象征着地铁线路的灯光带从这里延伸至别处，与充满自然气息的办公环境产生强烈碰撞。

1 | 4
2 3 | 5

1 入口空间的设计给人一种走进大都市的感觉
2 办公室入口
3 多条象征着地铁线路的灯光带从这里延伸至别处，与充满自然气息的办公环境产生强烈碰撞
4 设计师用草坪和竹子装点整个办公空间
5 色彩、材料和涂料的运用实现了平衡

6 | 7
  | 8 9

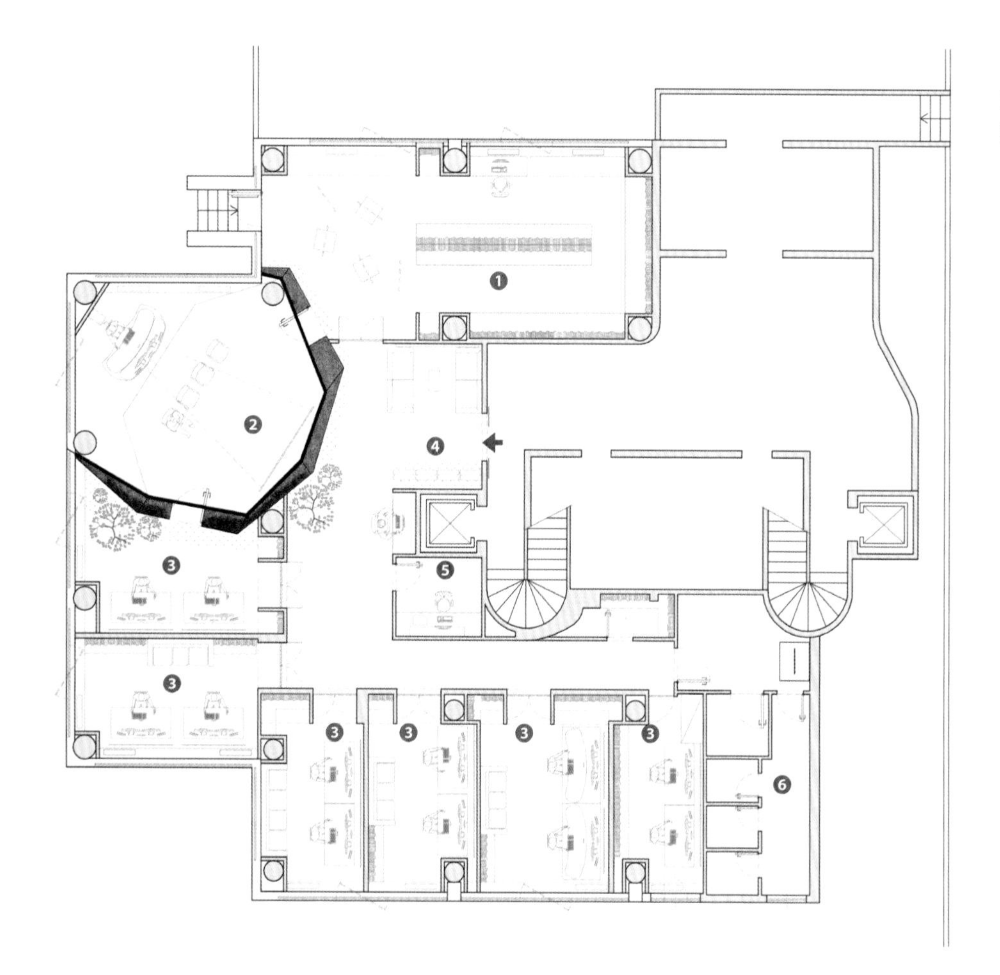

↘

空间平面图

1 办公区
2 电影院
3 办公室
4 入口
5 听音室
6 卫生间

6 多条象征着地铁线路灯光带从红色的多面结构延伸至别处
7 通过错综复杂的地铁线路对城市空间进行探究
8 每间办公室内的装饰都与一条地铁线路的颜色相配
9 办公空间的入口

10 室内设计办公室的景象
11-12 图形元素可以起到装饰作用
13 简式卫生间
14-16 红色的多面结构内最为强大的创新调色系统

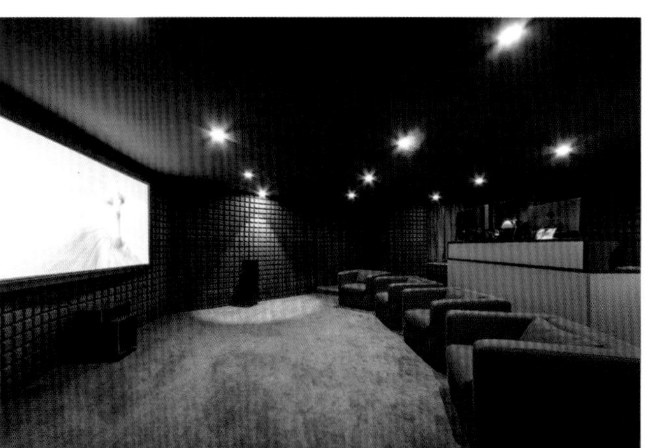

10 | 13 14
11 12 | 15
16

室内设计

Annvil 工作室，
安娜·布泰莱

委托方

SPOT 工作室

项目名称

SPOT 工作室的办公空间

项目地点

拉脱维亚里加

项目面积

269 平方米

完成时间

2014 年

摄影

尤里斯·瓦卢塞维斯

SPOT 工作室位于全景广场的多功能建筑群内，是拉脱维亚第一家现代的专业摄影工作室。

该项目的设计理念是借助多种元素将内部空间与工作室的品牌概念联系起来，灯光便是其中一项重要的元素。由于工作室无法直接获取自然光源，因此，设计师为工作室安装了多种不同类型的照明设施，如聚光灯、管灯、灯串和日光灯泡，从而达到光线流动的动态效果。

在进行室内装饰设计时，设计师采用了多种并不常见但却可以产生鲜明对比的饰面：纹理纸与表面粗糙的混凝土、轻型塑料与重金属、透明玻璃与厚乙烯橡胶、合成箔片反射镜与天然木材。设计师必须认真考虑装饰材料和家具的选择问题，因为工作室的各个空间均要具备实用性和移动性，以便根据具体需求改变空间布局。

室内主色调选用的是与灯光颜色十分相似的白色，并用糖粉色和金属黄色提高空间亮度，营造出明亮整洁的氛围。岩石白、乳白色和亮白色反射出多种不同的色调，为人们提供了一个清新明快的现代化办公空间。

1 | 3
2 | 4

1-3 从不同角度望向接待台
4 摄影区

5 6 | 8 10
7 | 9 11

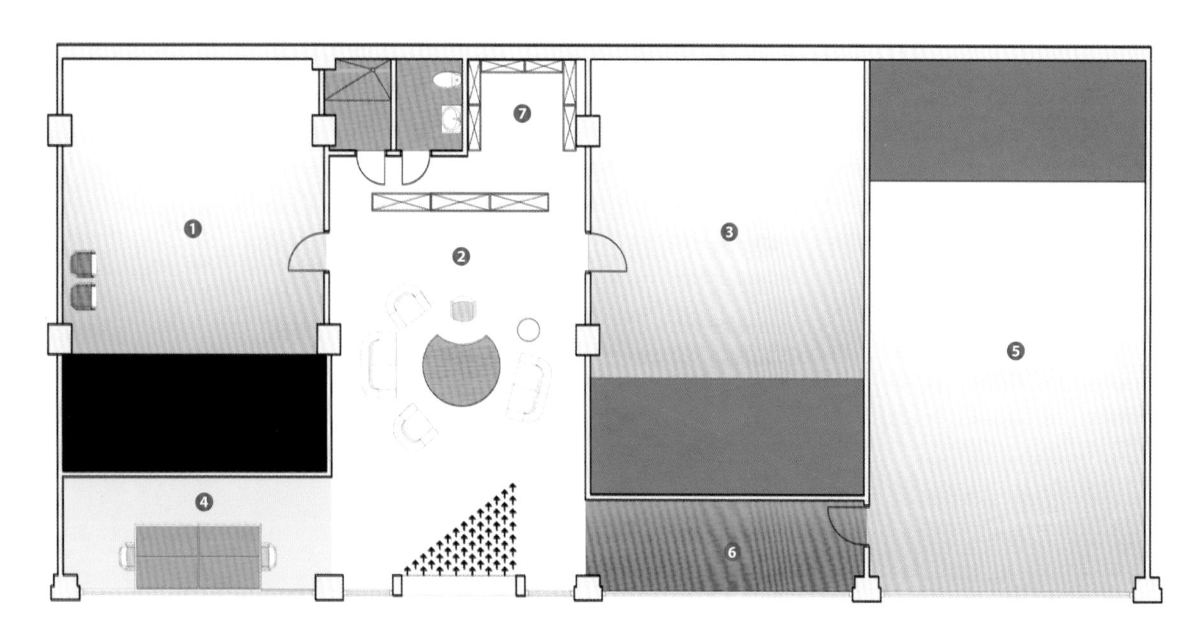

空间平面图

1 1号工作室
2 1号空间
3 2号工作室
4 2号空间
5 3号工作室
6 3号空间
7 4号空间

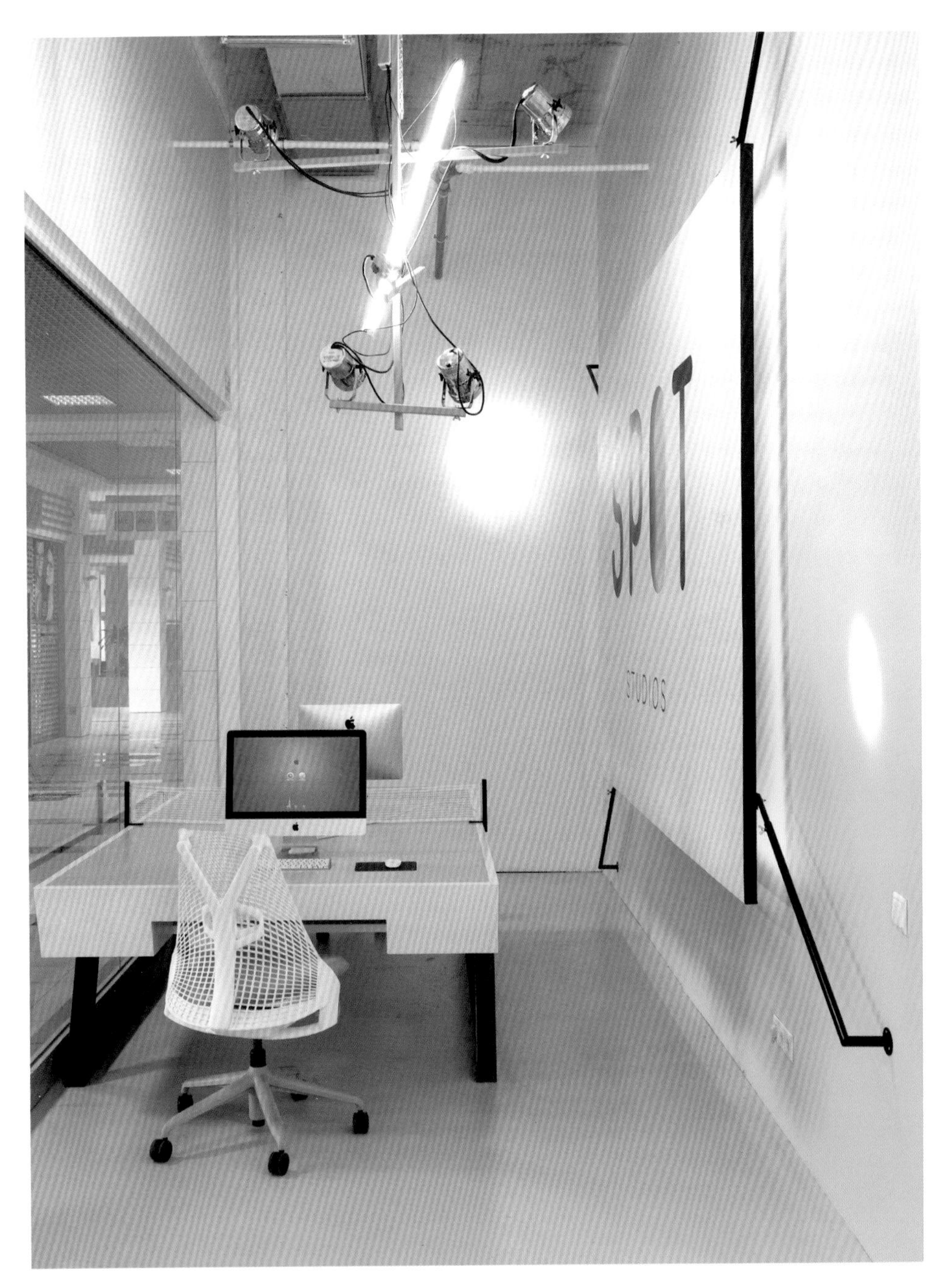

5 接待区
6-7 办公室
8-9 办公桌便具有两种功能，即可满足办公需要，又可作为乒乓球桌使用
10 办公室内的巨大标识
11 被喷涂成粉色的金属梯子

项目名称

Masquespacio 设计工作室

巴塞罗那的 Altimira 培训学校

委托方
Altimira 培训学校

项目地点
西班牙巴塞罗那
项目面积
123 平方米
完成时间
2015 年
摄影
大卫 · 罗德里格斯，卡洛斯 · 韦卡斯

1 入口空间
2 英文字母墙细节图
3 一对一教室

这是西班牙创意设计工作室 Masquespacio 近期为 Altimira培训学校打造的项目。Altimira 培训学校位于巴塞罗那 的 Cerdanyola del Vallé s 镇，Masquespacio 设计工作室为 Altimira 培训学校进行了全新的品牌形象设计，并对学校内部空间进行了改造。

为了庆祝 Altimira 培训学校建校 15 周年，培训学校的所有者，劳拉、莫妮卡姐妹联系了 Masquespacio 设计工作室对培训学校的品牌和内部空间进行重新设计。Altimira 培训学校的目标人群为儿童、青少年和年轻人。该项目始于 2014 年夏，Masquespacio 设计工作室首先对培训学校的品牌进行重新设计。随后，Masquespacio 设计工作室将工作重点放在培训学校内部空间的改造上，旨在为培训学校的老师打造一处更有创意的空间，为他们提供更好的办公环境。该项目的设计灵感源于通过学习“构建”自我，而且培训学校还可以为儿童、青少年和年轻人提供专业化课程，帮助他们完成学业目标、顺利通过学业考试。

考虑到培训学校的学生处在不同的年龄段，Masquespacio设计工作室用明亮欢快又不失稳重的色彩和材料打造了一个能够吸引儿童、青少年和二十多岁年轻人的学习环境。空间内部的家具和隔墙多采用胶合板设计而成，其目的是让更多的自然光线照进室内，同时解决了教室的隔音问题。胶合板隔墙的高度未达到天花板的高度，且安装有木板制成的滑动门，拉上滑动门并不会阻挡走廊的光线照进室内。除自习区外，Masquespacio 设计工作室还为培训学校增设了可为学生提供一对一课程的“面对面”教学空间。

在接手多个国际项目之后，Masquespacio 设计工作室将其在巴塞罗那的第一个项目添加到工作室的代表作选集中。事实上，这家西班牙创意设计工作室一直致力于全球品牌项目的设计，不久便会推出他们的第一套办公家具系列产品。

1 | 2
  | 3

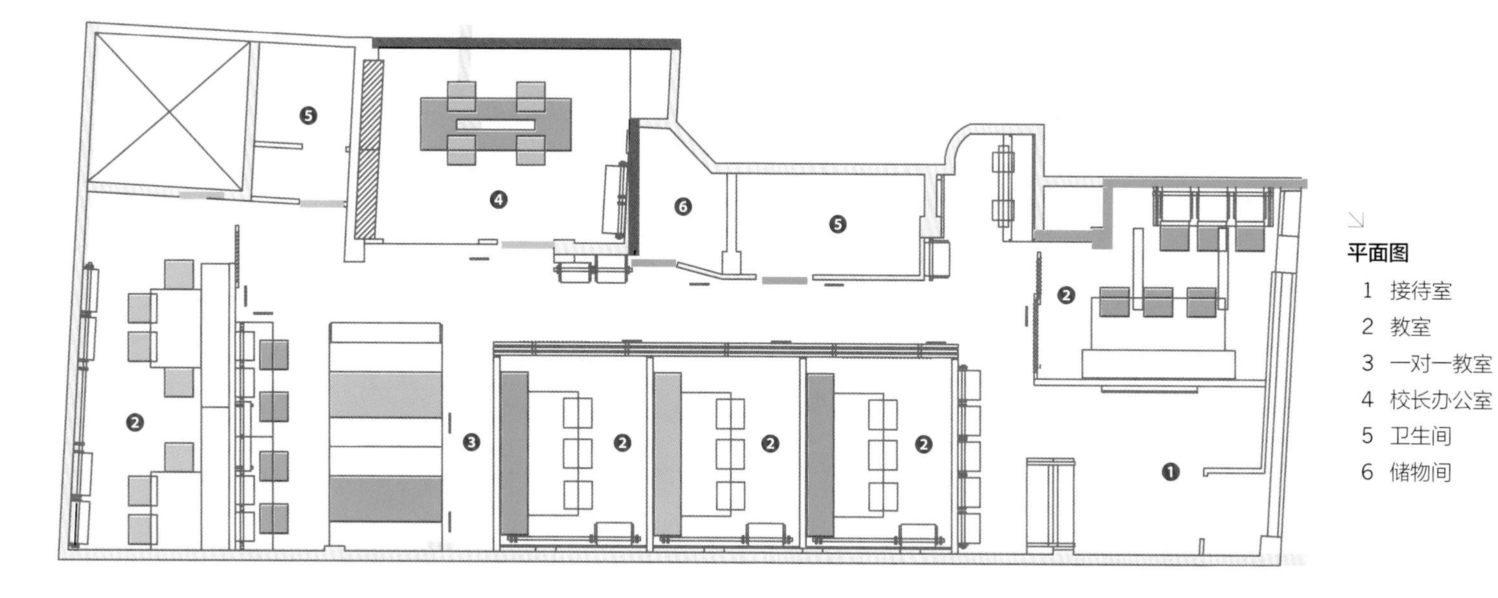

平面图

1 接待室
2 教室
3 一对一教室
4 校长办公室
5 卫生间
6 储物间

4 | 5
  | 6

4 6号教室全景图
5 书架、白板细节图
6 自习室

3

7-8 教室全景图
9-10 教室细节图
11 拉开滑动门后的教室
12 拉上滑动门后的教室

7 8 | 10
9 | 11 12

ICEOFF 设计公司

Proekt 设计机构办公空间

委托方
Proekt 设计机构

项目地点
俄罗斯莫斯科
项目面积
108 平方米
完成时间
2015 年
摄影
Proekt 摄影

Proekt 设计机构的老板希望打造一个足以让客户感到惊喜的公寓式办公空间的同时，为员工提供一个舒适的办公环境。

设计师总结了几个体现项目特点的关键词——与众不同、异乎寻常和引人注目。当然，它也是一个舒适实用的办公空间：设计师不仅设计并制作出方便人们交流的椭圆形办公桌，还将吸声材料运用到办公空间的设计中。他们设计并制作了粉色的物品摆放架和可移动办公桌，而这些不同寻常的现代设计元素与古式装潢风格形成鲜明的对比。办公空间内还安装有 19 世纪法式风格的壁炉、镜子和把手。

该项目对设计团队来说是一个不小的挑战——最重要的环节是实现大量要素与和谐办公空间的完美结合。事实上，将不同质地和风格的材料融入

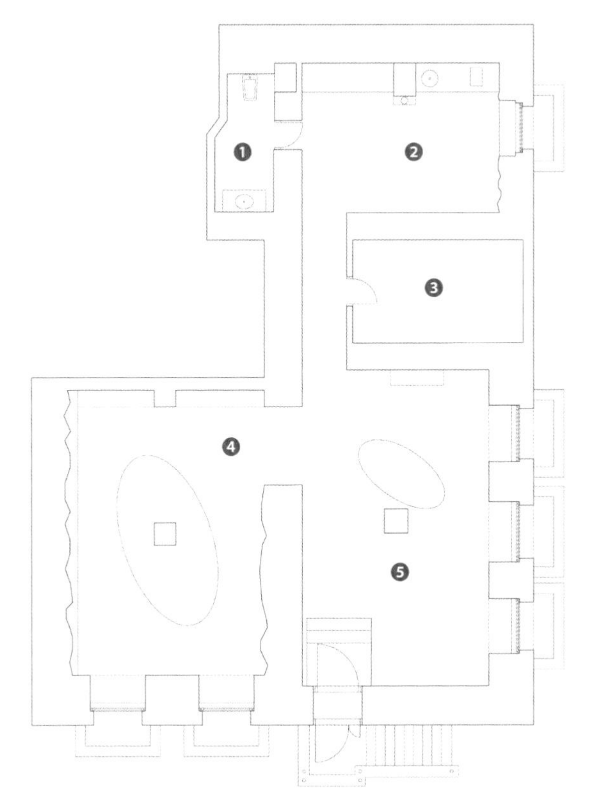

↘

空间平面图

1 卫生间

2 厨房

3 衣帽间

4 办公区

5 会议室

1 办公空间的入口

2 办公区

3-5 工业风格的办公室

办公空间设计是一项非常有趣的工作，但也是一个极为复杂的过程。因此，对设计团队来说，想要打造出这样一个功能齐全、颇具情调的办公空间的确是一项巨大的挑战。

6 设计独特的办公桌
7 裸露的砖墙
8 裸露的砖墙将办公区分隔成两个部分
9-10 色彩明亮的物品摆放架

Dreimeta 设计工作室，阿明 · 费舍尔

瑞士旅业集团纽卡斯尔办公室

委托方
瑞士旅业集团纽卡斯尔办公室

项目地点
英国纽卡斯尔
项目面积
57 平方米
完成时间
2014 年
摄影
史蒂夫 · 赫鲁德

1 | 2

1 “世界之窗”由多个展示世界地图的宽屏幕组成，这些屏幕可以向客户们介绍旅行目的地的各类信息
2 客户们会被办公室入口处的雕花木门把手所吸引

瑞士旅业集团英国公司提出了一种全新的理念，其品牌也在欧洲范围内得到成功推广。在此之后，瑞士旅业集团英国公司决定委托 Dreimeta 设计工作室对公司理念进行深入解读，将设计理念推向一个新高度。

设计师意图营造一种悠闲的空间氛围。通常情况下，客户们会在店内呆上数个小时，因此，设计师希望为他们提供一种并非只发生在单一地点的多层面咨询体验。例如，当咨询顾问正在查询航班或是拨打电话时，客户们可以到酒吧喝上一杯香槟或是翻阅各类旅行资料，提升此次旅行的期待值。

先前被作为灵感区使用的休息区在整个空间内呈扇形铺展开来。这是一个富有层次的空间，沙发和放置有多种摆件的桌面可供咨询使用。人们可以在休息区、传统咨询区甚至是酒吧内咨询相关事宜。

除了别出心裁的空间概念之外，“世界之窗”是店内的另一关键元素。“世界之窗”由多个展示世界地图的宽屏幕组成，这些屏幕可以向客户们介绍旅行目的地的各类信息。看过图片和影像资料之后，客户们可以在网上关注目的地的即时动态，了解当地的实际气温、时间和天气等信息。材料选用方面，不同质地和外观的材料依旧是空间的核心焦点。

客户的旅行预订情况和员工的积极反馈便是设计师成功的具体体现。在开店后的几天内，瑞士旅业集团纽卡斯尔办公室便签下了大量订单，这标志着该项目在设计理念上获得了成功。员工们已经接受了这个新概念，并开始在咨询环节中使用书架上的旅游画册等材料为客户介绍旅行项目。如今，这一新概念已被应用到几家新开设旗舰店的店面设计中。

Japan

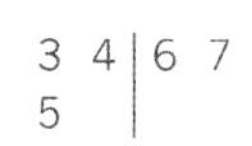

3 组合式照明装置会让客户们注意到墙面上的书架
4 客户们可以在办公室内的任何地方看到展示世界地图的宽屏幕
5 设计师将立方体座椅和桌子嵌衬在一起，营造出一种动态的景象
6 灯光下的立方体座椅
7 精心挑选的旅行手册和装饰摆件

空间平面图

1 储物间
2 防火隔间
3 打印机
4 后勤办公室
5 咖啡吧

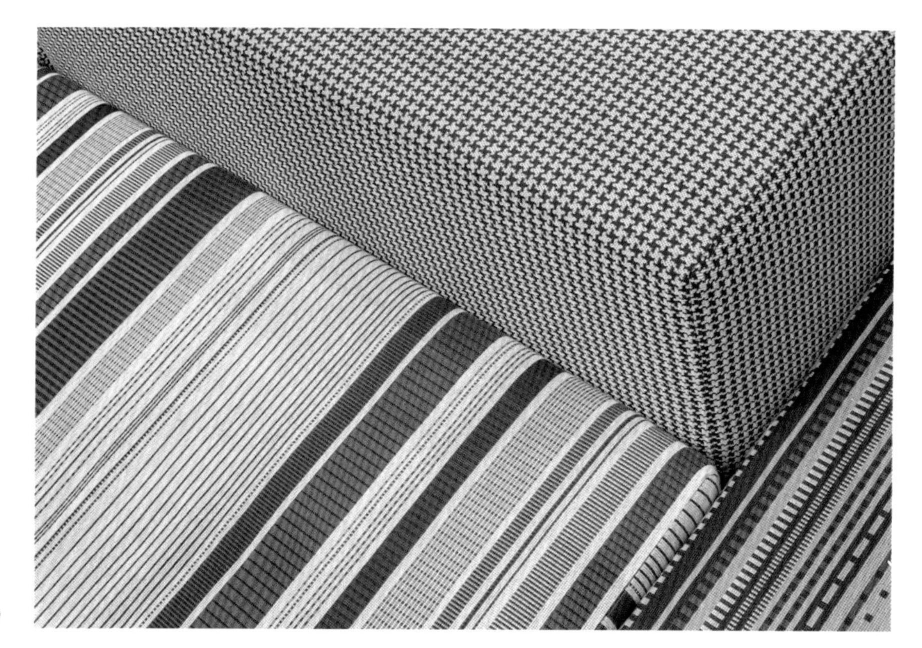

8
9 | 10

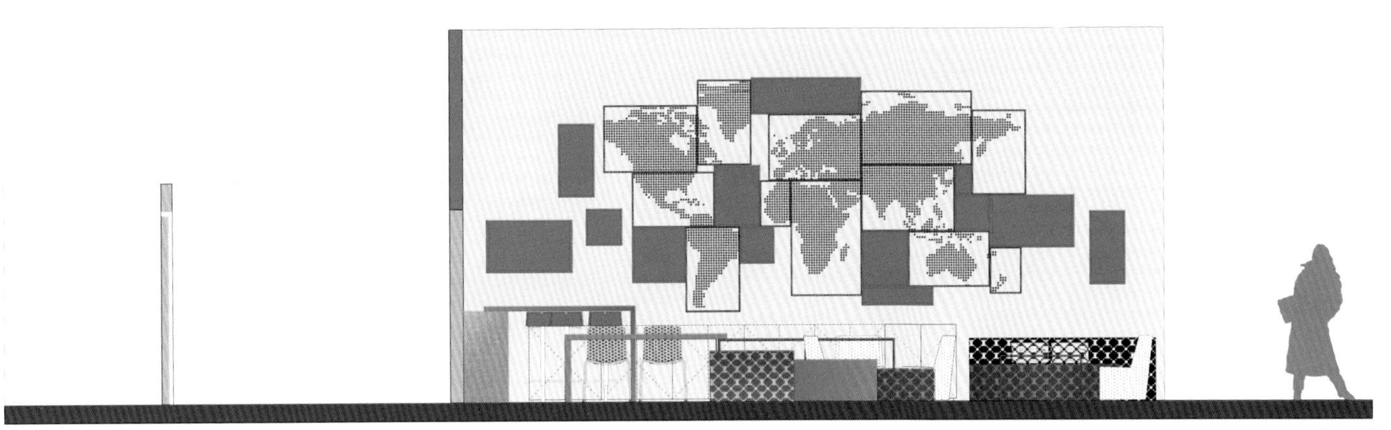

立面图

8 嵌衬在一起的立方体座椅和桌子，立方体座椅上摆放有软垫
9 办公室内设有多种动态模块化景观，客户们可以在此处找到适合自己的度假胜地
10 书架墙由木板拼接而成，为这个明亮的休息区增添质感和温馨气氛

Studio Wood 设计中心　Truly Madly 办公室设计

委托方
Truly Madly 婚介公司

项目地点
印度新德里
项目面积
464.5 平方米
完成时间
2015 年
摄影
阿尔温德 · 胡恩

1 | 2
  | 3

Studio Wood 设计中心为拥有 50 名员工的印度最大交友平台——Truly Madly 婚介公司，设计了一个开放式办公空间。设计团队将近 464 平方米的空间划分成三个区域：“UnRavel”办公区、“UnSingle”会面区和“UnWind”地下自助餐厅。

设计师以“真爱无处不在”为理念，对办公空间进行布置，力求营造出一种轻松的户外氛围。

走进这里，首先映入眼帘的是由草坪、引导标识和自行车构成的街道景观。右转后，便会发现眼前是一个双层高的空间，墙面上的木质装饰窗和莎士比亚双行诗体增添了空间的美感与韵味。

这里先前是一个没有自然采光的艺术画廊，设计团队打通了两堵墙上的窗户，彻底改变了整个空间的格调。

悬于天花板下方的树枝状结构是办公区的特色所在，其设计灵感来源于不断生长的树木，寓意着交友平台的发展壮大。这个品蓝色的结构上悬挂有亚克力吊灯、点状灯、轨道射灯三种类型的照明设施。

设计团队在会议室内一个阳光明媚的角落里开辟出一个可供 4–6 人使用的半正式会面区，并在会面区的承重墙上安装了 12 个白色的网格信箱。会面区前是一间好似浮箱结构的主会议室，会议室内最多可以容纳 14 人。设计团队还用玻璃、木屑压合板和乙烯树脂在主会议室对面修设了三间小型会面室，向来访者宣传公司温馨有趣的企业文化。总的说来，设计团队与 Truly Madly 婚介公司的员工共同度过了一段美好的时光！

1 办公空间内的办公区
2 会面室
3 楼梯旁的休息区

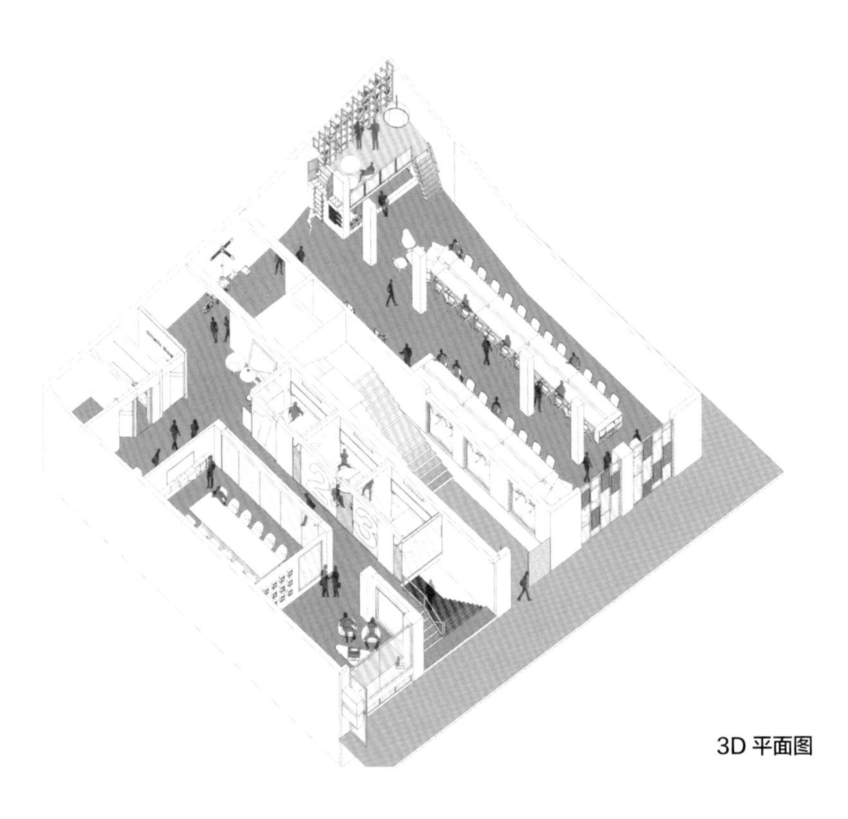

3D 平面图

空间平面图

1 办公区
2 夹层
3 接待区
4 卫生间
5 开敞式储物柜
6 会议室
7 半正式会面区
8 会面室

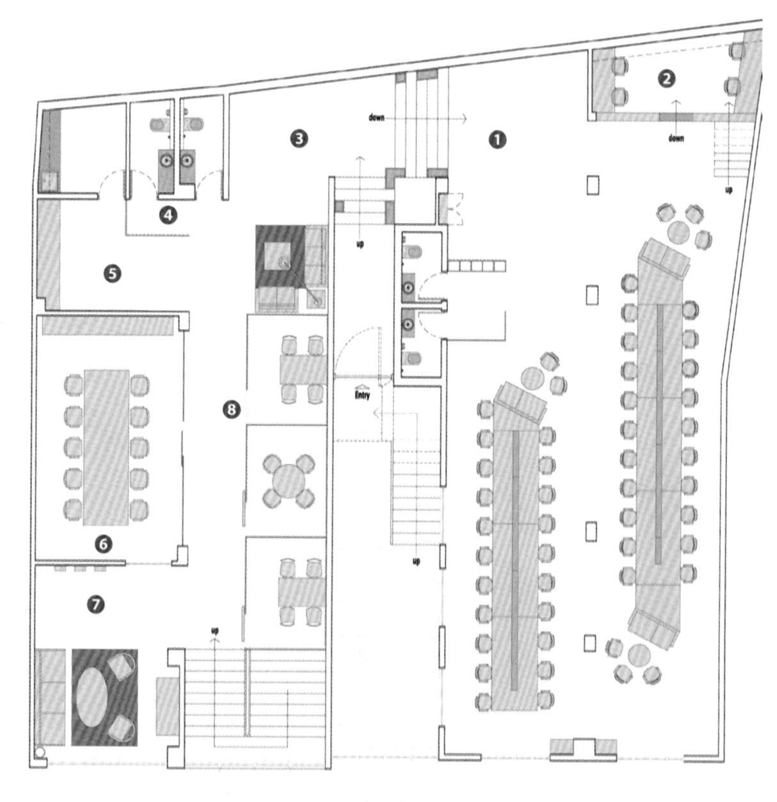

会议室和办公空间平面效果图

4 办公区内可以容纳多张办公椅
5 半正式会面区
6 办公空间内的走廊
7 小型会面区

4 | 5
| 6 7

8 休息区
9 入口空间
10 墙面上的木质装饰窗和绳梯
11 办公区的一部分
12 灰色的楼梯面

trulymadly

ROMEO : But soft, what light
through yonder window breaks?
Finally I found true loveth on Truly
Madly aftr much fakes
Thou are yea more enchanting in
real life than thy DP
Might I addeth tis raisth mine BP
JULIET : O Romeo, Romeo! I've
brows'd many lads but none so
fair as thou.
Th'nketh I've Truly Madly fallen fr
you!

8 | 9 10
| 11 12

EAT

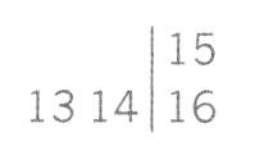
15
13 14 | 16

Snack

SIT/
STAN
WHO CARE

13 自助餐厅的墙面设计
14 卫生间的混凝土墙和粉色天花板
15 Unwind 地下自助餐厅
16 墙上的“Unwind”壁饰是用木屑压合板和乙烯树脂制成的

Apostrophy's 设计公司

Apos²
三原色办公空间

1 | 2 3

委托方
Apostrophy's 设计公司
项目地点
泰国曼谷
项目面积
176.41 平方米
完成时间
2014 年
摄影
Ketsiree Wongwan,
Sirichai leangvisutsiri

随着公司的不断壮大，Apostrophy's 设计公司亟须一个既能容纳更多人，又能承担大工作量的创造性空间来支撑他们自身的持续发展。为了满足员工对办公空间日益增长的功能需求，曼谷设计公司 Apostrophy’s 近日将其在泰国的办公空间装饰一新。

该项目地处泰国核心地段的“城市屋”住宅区。受到地域因素的影响，在现有场地上进行扩建难以实现。事实上，在这样一个繁华地段新建一栋大楼也会受到时间和施工成本的限制。在对诸多因素进行综合考虑后，设计团队终于创造出了这个名为“Apos²”的办公空间。

“Apos²”的设计灵感来源于“发芽的植物”。由于“Apos²”与原总部大楼相隔不远，且两者均位于同一住宅区内，因而可以共享多媒体学习中心、设计材料实验室和供公司员工进行交流和分享的必要设施等。

花费过多的时间设计和建造一座建筑可能会影响效率。“Apos²”被看作是一种“快捷式办公室”的概念原型，通过使用具有易拆卸特点的结构进行装配，并配以一些简单的工艺和角钢、胶合板、基本配件等极为常见的建筑材料，然后进行常规的喷漆处理。整个设计过程不会直接影响甚至触及到原有建筑的表面，所以这是一个十分灵活的办公空间，即使将来面临搬迁或再次装修时都不会有太大的影响。此外，这里也是一个能够满足“多领域”工作需求的办公空间，员工们可以在这里展开不同类型的工作，这种灵活性的安排不仅意味着“个体的独立”，还意味着构建起“一个多用途的公共区域”。

设计“Apos²”的另一目的是要打造一个可以培养员工、学习企业文化的办公空间，因此，设计师将鲜艳的三原色作为此次设计的核心。一条光谱色的楼梯将三个楼层连接起来，墙壁上俏皮的手绘图案无不巧妙地反映出公司的设计理念和员工的活力。

1 位于 3 楼的经理办公室
2 接待区
3 二楼的办公区

一楼平面图

1 休闲区
2 厨房
3 办公区
4 卫生间
5 储藏间
6 接待区
7 等候区

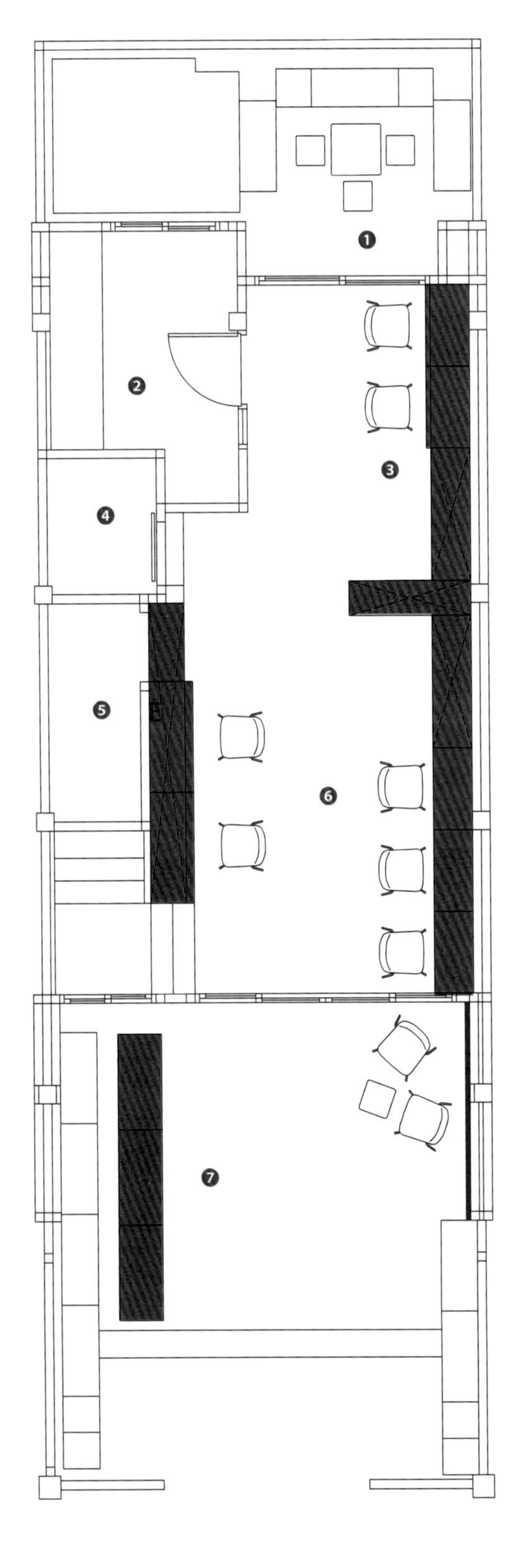

更值得一提的是，在二、三层楼垂直空间双层楼高的墙面上绘制有“Aposer”吉祥物，它由五彩的糖果、卡通骨架、嘴巴、肠道、大脑和心脏等器官组成，象征着公司团结一致的精神和实现目标的野心。

4 通往二楼的楼梯
5 充满活力的接待区
6-7 红色的组装架
8-9 入口空间

总之，这是一个创造性的解决方案，可以在不耗费过多成本和施工时间的前提下对现有办公室进行扩建。如若在土地成本过高的密集型城市内开展扩建工程，“Apos²”则可被看作此类扩建项目的概念原型。这是一个由富有激情的红色、宁静深邃的蓝色和活力四射的黄色打造出的极具创造力和个性的办公空间，仅仅采用简单的材料与施工技术便诠释出 Apostrophy's 设计公司与众不同的设计 DNA，并且在“Apos²”的每一处细节上都得到了完美的体现。

4 | 6
5 | 7 8
| 9

10
11 13 15
12 14 16

10 有趣的手绘字体
11-12 办公区
13 楼梯墙面上的抽象画作
14 用于存放物品的壁橱
15-16 安静的办公空间

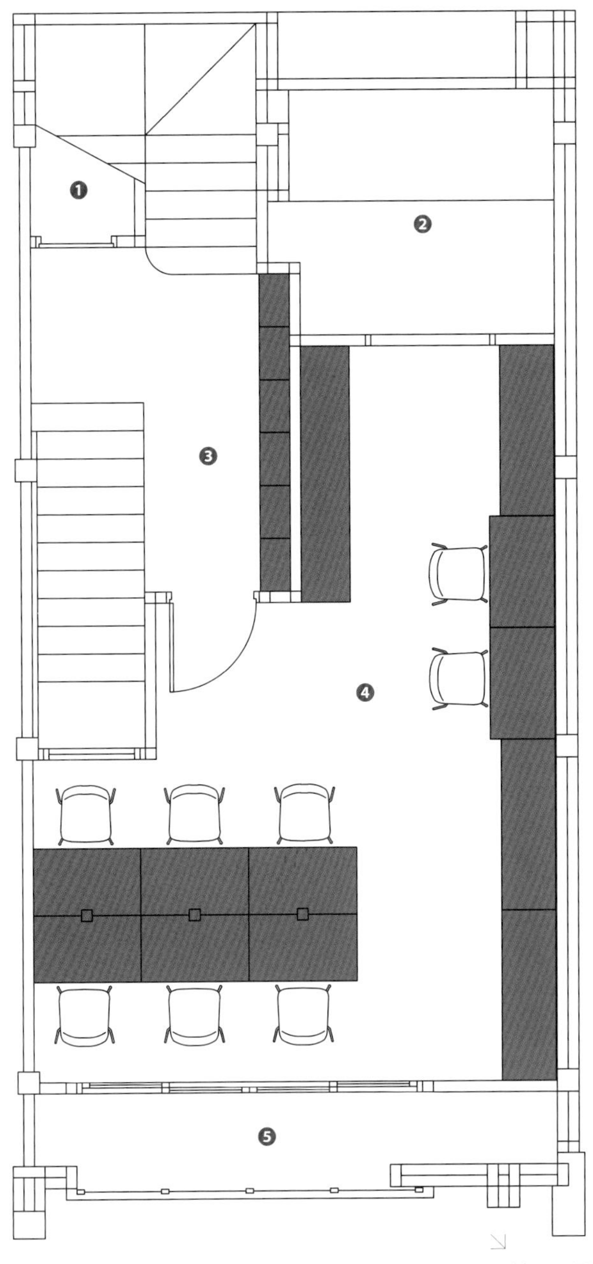

二楼平面图

1 用于存放物品的壁橱
2 卫生间
3 材料区
4 办公区
5 露台

Smooth Sea Never made A Skillful Sailor

三楼平面图

1 办公区
2 卫生间
3 会议区
4 露台

17 | 20
18 19 |

17-19 位于三楼的会议室和头脑风暴室
20 光谱色的楼梯

Spaces Architects@ka 建筑设计事务所

Cubix 办公室设计

委托方
Cubix 之家

项目地点
印度新德里
项目面积
120 平方米
完成时间
2014 年
摄影
巴拉特 · 阿加沃尔

设计师将房地产评估办公室设计成有着多种流线形式的白色现代化办公室。委托方要求设计两间 MD 小屋，共设 8 个座椅，可做会议室和接待等候室使用。此处空间宽 4.3 米，深 24.4 米，要想在这里打造出两间独立的小屋并非易事。创意走廊将两间小屋连接起来。倾斜的玻璃隔断建立起走廊与室内空间的视觉联系，营造趣味活动空间的同时实现完美的空间过渡。

接待室前设有多个服务区，从接待室内可以看到办公室前的流线型厨房墙面。摆放在接待室前墙上的建筑模型为办公空间增色不少。前台设计也遵循了办公空间的流线型概念，安装与背景墙相协调的背光板，顶部曲面板一直延伸至办公区和其他区域。办公空间天花板的设计较为抽象，前台上方的天花板便是如此，半椭圆形背光板内嵌有多个长条木板。

会议室内安装有多层嵌板。办公空间的中央结构可以起到过渡的作用，将办公室划分成开放式办公区和半开放式办公区。天花板和吊灯的设计也参考了流线型概念。会议桌采用多曲面板和

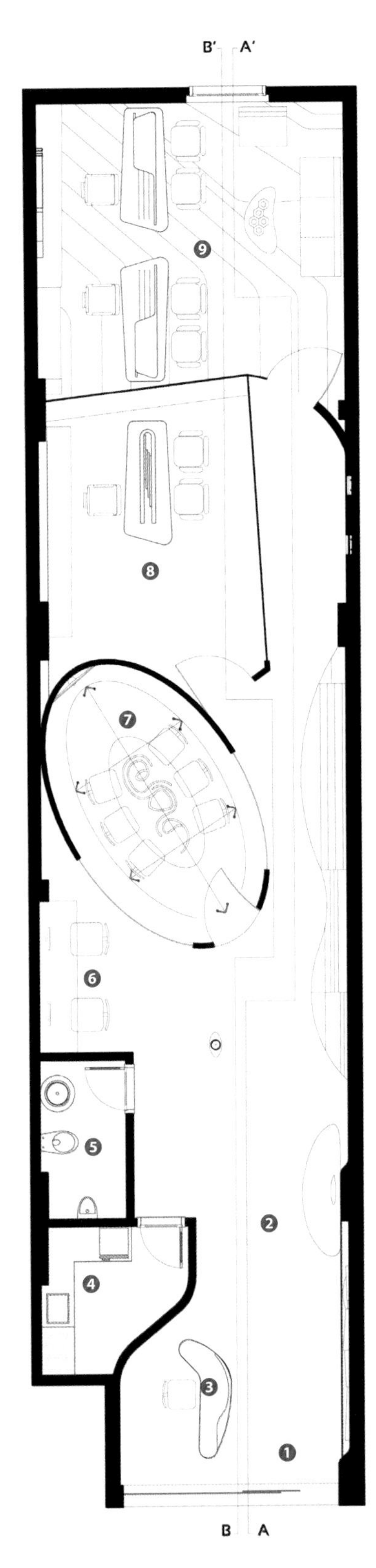

平面图 比例尺 1:100

1 入口空间
2 等候区
3 接待区
4 茶水间
5 卫生间
6 办公区 1
7 会议室
8 经理办公室
9 总经理办公室

1 2 | 4
3 | 5

1 从等候区望向办公空间
2 等候区的座椅
3 从接待区望向入口空间
4 工作台
5 从经理办公室望向走廊一侧

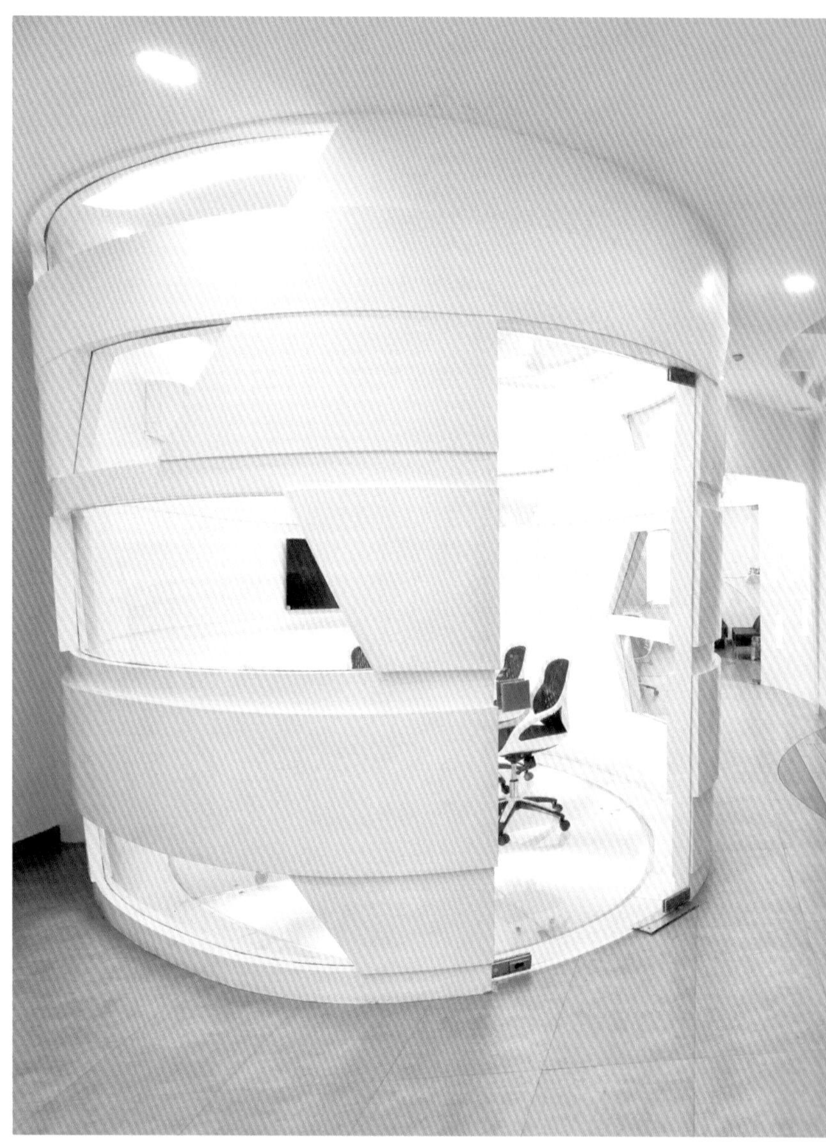

6 从入口空间望向接待区
7 从接待区望向会议室

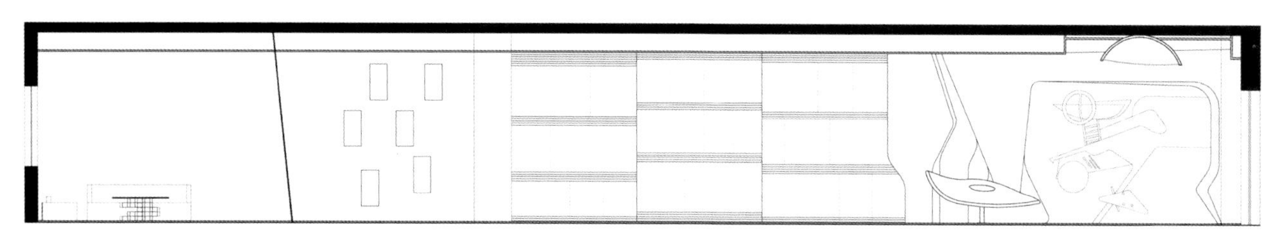

剖面图 A

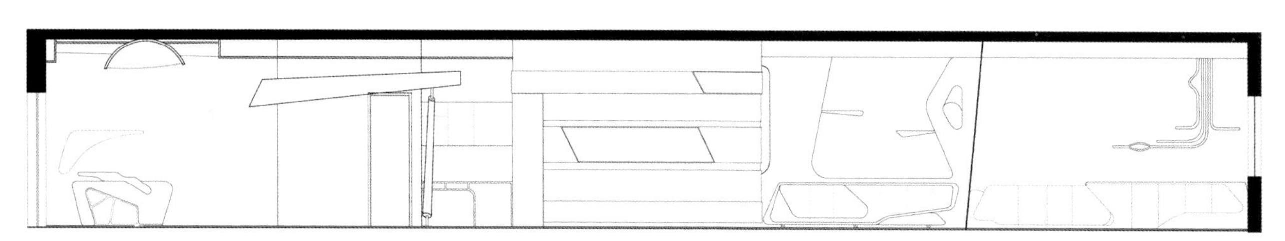

剖面图 B

椭圆形玻璃台面设计而成，背光玻璃地板更是彰显出办公空间的现代格调。通往后方小屋的走廊上挂有几个项目的黑白展示图片，流线型天花板上不规则背光板的式样与地板上的图案完全一致。会议室后面的小屋内安装有倾斜的玻璃隔断，从而建立起小屋与外部空间的视觉联系。玻璃隔断从后面的小屋一直延伸至走廊，沿着走廊向前走便可看到安装有玻璃门的会议室隔墙。小屋的天花板上设计有多个凹槽，整体外观极为抽象。家具的设计也遵循了办公空间的流线型概念。MD 小屋内布置有沙发和两张 MD 桌，黑色的地面瓷砖与屋外的灰色瓷砖形成鲜明对比，流线型的天花板上还安装有不规则黑漆背光板。MD 桌是由多块玻璃嵌板和不规则形状的嵌板拼接而成。

将流线形式运用到办公空间的设计中不失为一种全新的尝试。由于设计师对这种设计理念并无太多经验，需要进行多次实地考察并对设计方案进行反复修改后方可实施，因此，打造出这样一个白色的室内空间对设计师来说也是一个不小的挑战。

6 | 7

3D 平面图

1 接待区后的服务区和接待区的流线型背景墙
2 前厅办公空间内设有两张工作台
3 总经理办公室内暗色地板的图案与流线型天花板上不规则背光板的式样完全一致
4 家具设计遵循了办公空间的流线型概念，是空间设计的一部分
5 椭圆形的会议室将办公空间划分成私人办公区和公共办公区
6 总经理办公室安装有倾斜的玻璃隔断，从而建立起总经理办公室与外部空间的视觉联系

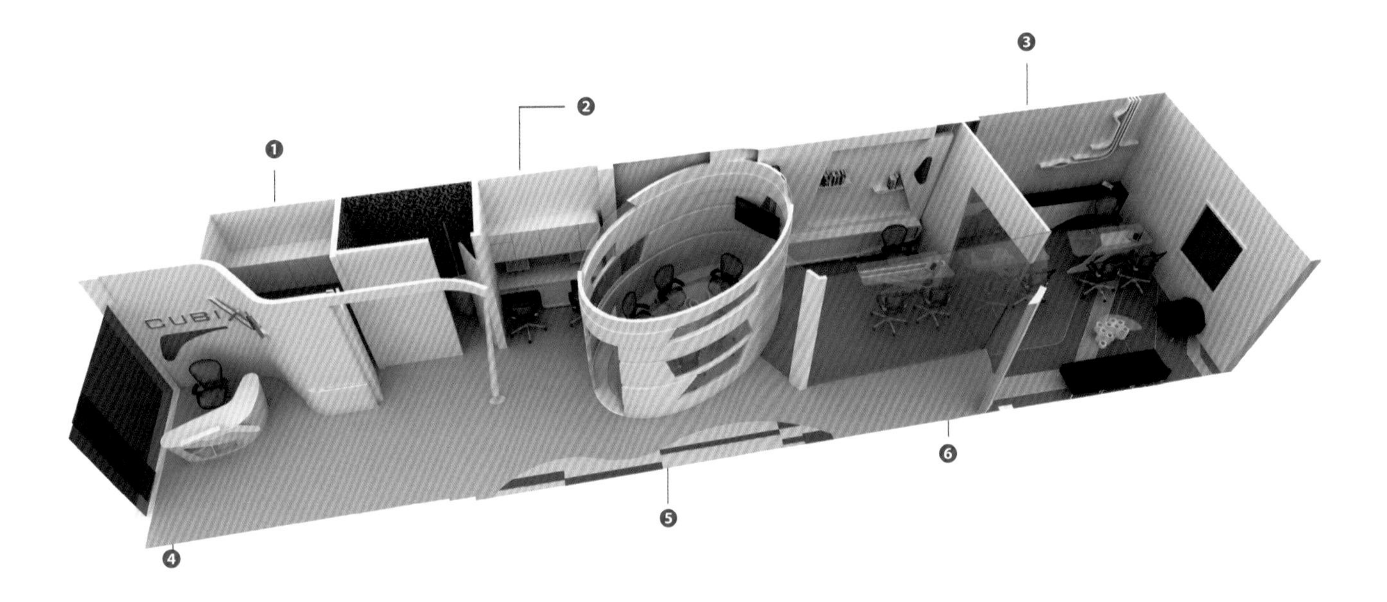

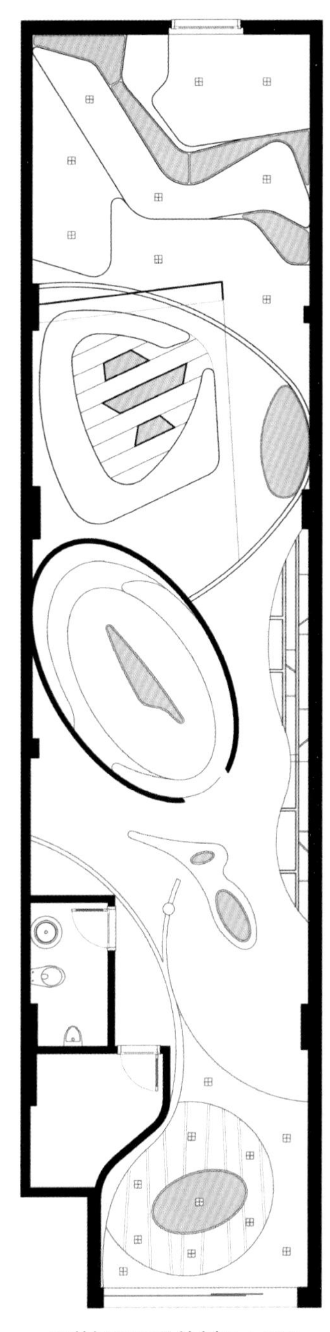

天花板平面图 比例尺 1:100

8 | 10
9 |

8 总经理办公室
9 会议室
10 经理办公室和总经理办公室的局部视图

Spaces Architects@ka 建筑设计事务所

Spaces Architects@ka 建筑设计事务所办公室设计

委托方
Spaces Architects@ka 建筑设计事务所

项目地点
印度新德里
项目面积
150 平方米
完成时间
2014 年
摄影
巴拉特·阿加沃尔

这一 150 平方米的地下室建筑事务所办公室，被设计成一个开放的办公室。办公室设计的概念是打造一个有利于提高员工创造力，同时有着休闲氛围的工作环境。办公空间的功能分区十分合理，附设有会议室的负责人办公室位于整体空间的后部，保护隐私的同时与前厅的办公室形成一种视觉上的联系。由于前厅办公室区域较为狭窄，因而被打造成画廊的样式，利用混凝土墙来突出展示作用。

前面入口处设有固定的玻璃屋顶，这种设计方式可以让室内的光线变得明亮充足。凸起的平台上还设有非正式的会议空间，桌面由多个固定钢管搭建而成。

为了突出展示作用，前厅办公室的地板和墙面均采用的是混凝土材料。抽象的天花板和富有创意的灯饰，使得办公空间充满了设计感和艺术性，充分地将公司与众不同的设计理念展现出来。

下沉区内设有多个开放的办公桌，悬臂式木台阶将这些办公桌联系起来，人们可以从前厅办公室的敞开区看到下层楼板。为了与上层楼板形成对比，下层楼板的设计以白色为基调。采用背光玻璃板制成的接待台富有独特的艺术趣味。接待台的对面是摆放有公司项目手册的展示架。

铺有草坪铺装、设有椭圆形座椅的绿色区域被作为办公室隔间使用，人们可以在这里阅读相关资料。椭圆形座椅后方设有两个供高级建筑师使用的办公桌。

最富趣味的部分是负责人办公室外的流线型隔墙，会议室的天花板也沿用了这种饰面镀层工艺。隔墙向两侧倾斜，呈现出一种有趣的形状。此外，负责人办公室和会议室之间还安装有一扇滑动折叠玻璃门，拉上玻璃门，便可营造出两个独立的空间。

天花板在办公空间内扮演着重要的角色，可以将各空间在视觉上连为一体，实现空间的自然过渡。接待台上方天花板旁的天花板上安装有多个抽象形状的箱型面板，对公司项目和设计理念进行展示。接待台上方的椭圆形天花板上安装有一个吊挂的模型，其设计灵感来源于设计师的毕业设计。绿色区域内的椭圆形座椅也被以一种抽象的形式呈现在天花板上。

1 | 2
  | 3

1 会议室
2 从建筑事务所大门望向办公空间
3 办公区

4 5
6 7

4 背光台阶可以起到空间过渡的作用
5 绿色休闲扩展区
6 从接待台望向建筑事务所大门
7 办公区

↘

3D 平面图

1 负责人办公室位于整体空间的后部，保护隐私的同时与前厅的办公室形成一种视觉上的联系
2 负责人办公室旁边设有两个供高级建筑师使用的办公桌
3 绿色休闲扩展区内摆放有绿色环形沙发、铺设有草坪铺装，可供人们阅读材料和休闲放松使用
4 接待台的摆放方向与建筑事务所入口的朝向垂直
5 接待台旁边的白色抽象壁板延伸至天花板后，变成了多个用来展示公司项目和设计理念的抽象形状的箱型面板
6 两侧的混凝土墙上挂有公司项目的展示图片
7 前面入口处设有固定的玻璃屋顶，这种设计方式可以让室内的光线变得明亮充足
8 凸起的平台上设有一个开放式会议空间，桌面由多个固定钢管进行支撑
9 负责人办公室和会议室之间还安装有一扇滑动折叠玻璃门，拉上玻璃门，便可营造出两个独立的空间
10 流线型隔墙将负责人办公室与其他区域分隔开来，会议室的天花板也沿用了这种饰面镀层工艺
11 设计师用绿色植物装饰建筑事务所的侧门
12 为了与上层楼板形成对比，下层楼板的设计以白色和灰色为基调
13 背光玻璃板可以增加悬臂式木台阶的设计效果

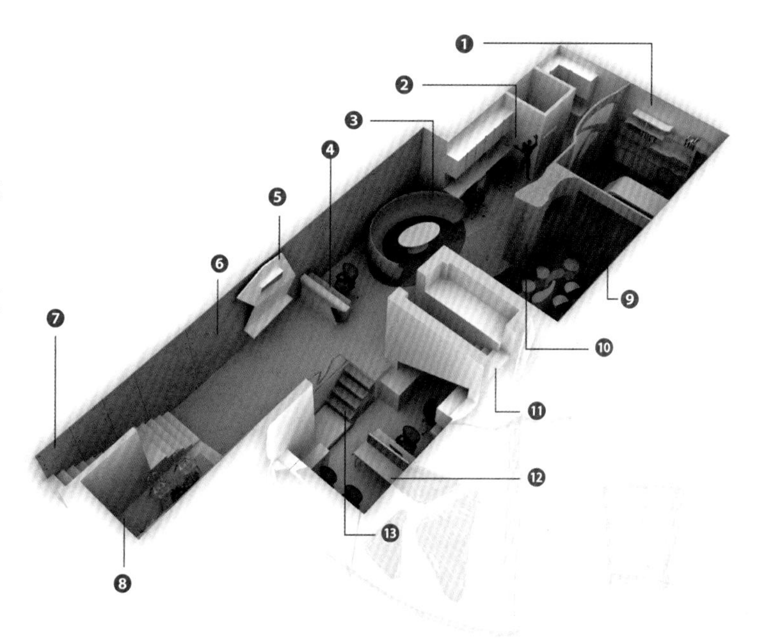

8 | 11 12
9 10 |

8 负责人办公室、会议室和绿色休闲扩展区之间的联系
9 从接待台望向建筑事务所的侧门
10 从接待台望向下层办公区
11 高级建筑师办公区
12 从接待台望向最里面的负责人办公室

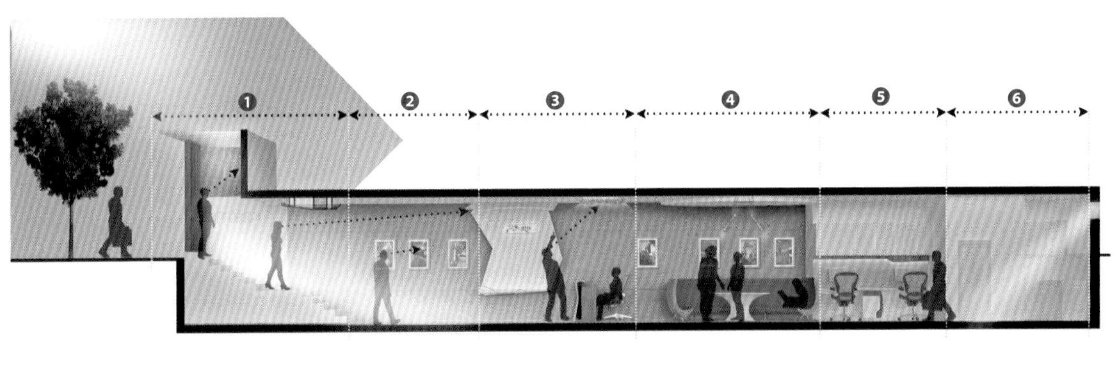

剖面图 A

1 入口空间
2 展示区
3 接待台和等候区
4 绿色休闲扩展区
5 上层办公区
6 服务区

剖面图 B

1 负责人办公室
2 会议室
3 建筑事务所侧门
4 下层办公区
5 开放式会议空间

13 | 15
14 | 16

空间平面图

1 入口空间
2 等候区
3 接待台
4 绿色休闲扩展区
5 办公区 1
6 办公区 2
7 负责人办公室
8 会议室
9 茶水间
10 卫生间

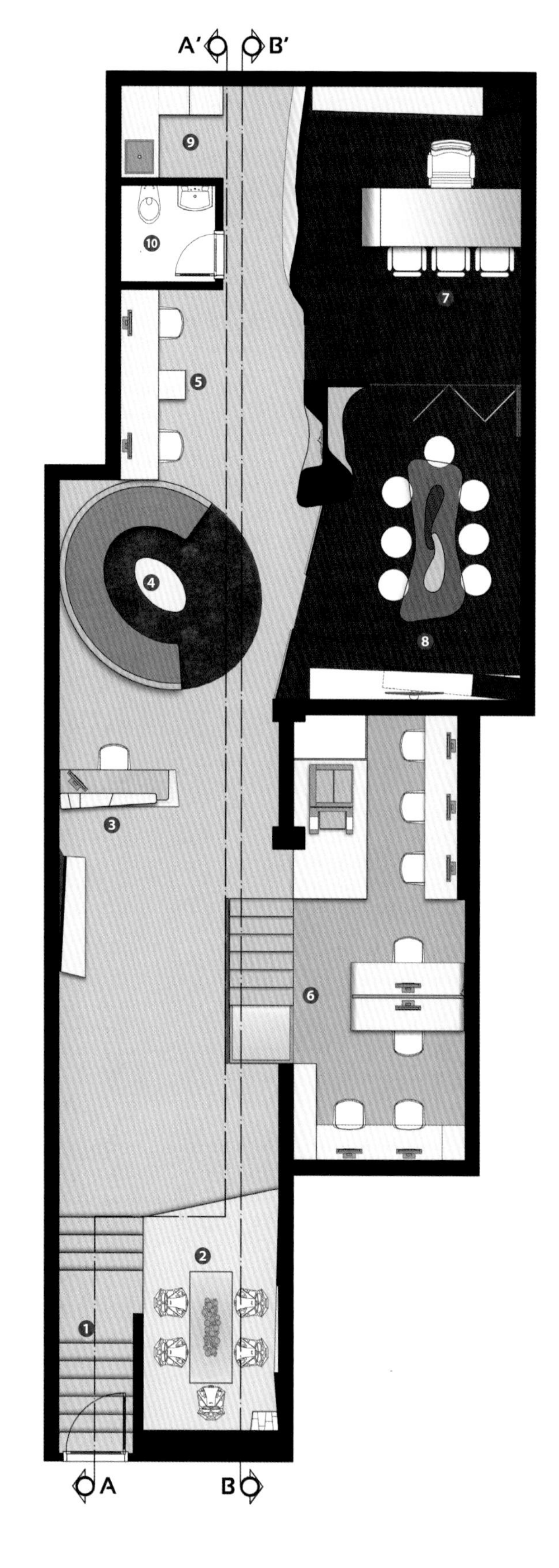

13 负责人办公室的流线型隔墙
14 下层办公区与上层空间之间的过渡空间
15 负责人办公室
16 从接待台望向上层办公区

天花板平面图

1 入口空间
2 等候区
3 接待台
4 绿色休闲扩展区
5 办公区 1
6 办公区 2
7 负责人办公室
8 会议室
9 茶水间
10 卫生间

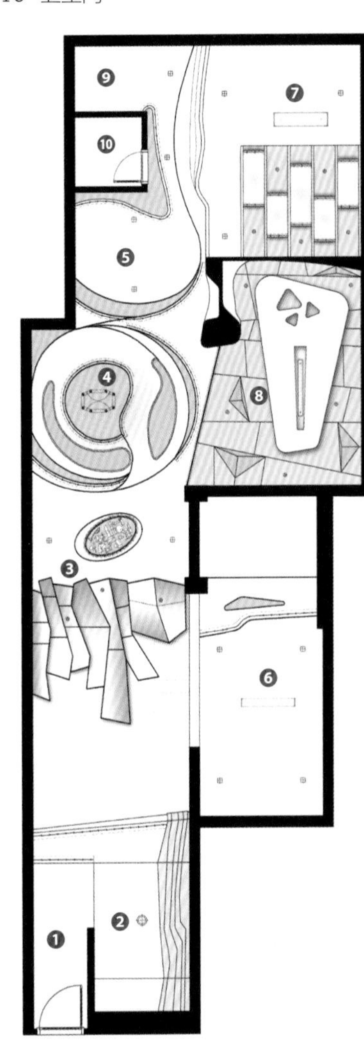

瓦伊达·阿特科开泰特，阿克维勒·米斯克·兹维尼恩

委托方

天科公司

项目名称

天科公司办公室设计

项目地点

立陶宛维尔纽斯

项目面积

95 平方米

完成时间

2014 年

摄影

利昂娜·加尔巴考斯卡斯，谢尔盖·普赞斯基

1 | 2

1 为了突出室内空间的未来主义风格，设计师将几何图形作为主要的室内装饰元素
2 主办公区内配设有弧形家具和其他室内元素，办公空间的主色调为黑白两色，办公桌上的绿色植物为办公环境增添了自然的气息

位于维尔纽斯的天科公司办公室是为生活在未来的人而建的。室内的创新性反映了公司的商业态度。其创新性反映了公司一直渴望向未来迈步的商业理念。

空间的主要设计目标是希望创造出富有功能性且不同寻常的空间，打造一个起居式办公区。约 95 平方米的空间面积，包括走廊、休息区、六个工作区、会议区、卫生间等。起居室办公区的休息区内设有厨房，卫生间内还安装有淋浴设施。设计人员用玻璃和石膏墙将内部空间划分成公共区和私人区。

天科公司办公室内的各个空间安装有不同类型的照明设施，可以满足多种照明需求。吊灯可以提供一般要求的灯光照明，而壁灯可以提供局部灯光照明。由 LED 灯打造的凹圆形天棚照明可以营造出舒适的空间环境。不同的照明解决方案可以为人们营造出不同的空间意境。

这间办公室内的每个设计元素都有其自身的功能。办公桌上方的嵌入式天花板由石膏板制成，有助于办公空间获得更好的声学效果。会议室天花板上的镜面可以给人一种空间变大了的错觉。办公桌上的绿色植物可以为办公环境增添自然的气息，缓解工作带来的疲惫感。

室内的色彩和柔和的造型均受到了公司个性化风格的影响。办公室的主色调为白色，干净轻盈。黑色区域造型立体，强调空间形状，绿色则作为点缀色，提升整个空间的活力。简约的线条，几何造型、家具及装饰使整个空间弥漫出超前的未来感。

非传统式室内设计打造出一个完全颠覆了传统乏味的办公空间。

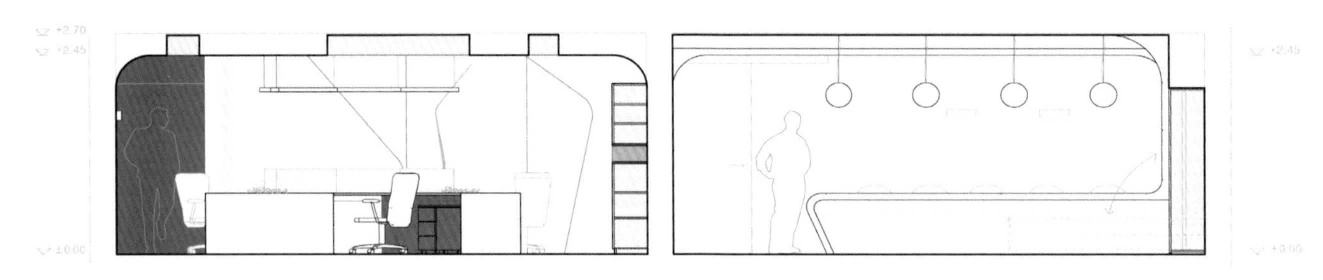

剖面图 1 隐藏起来的壁床

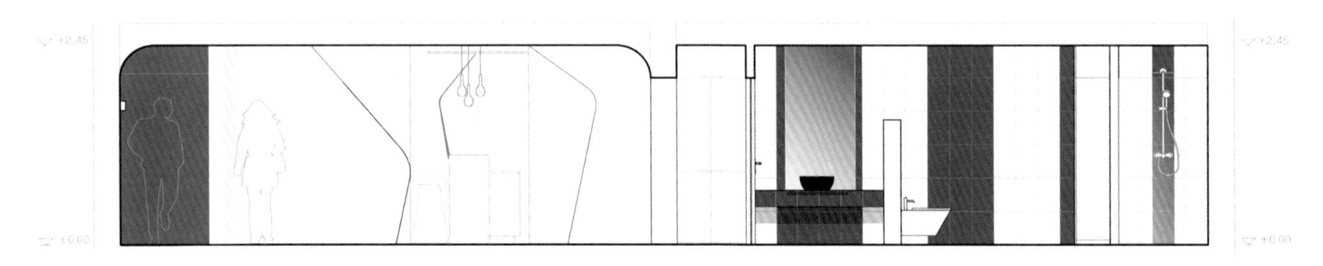

剖面图 2

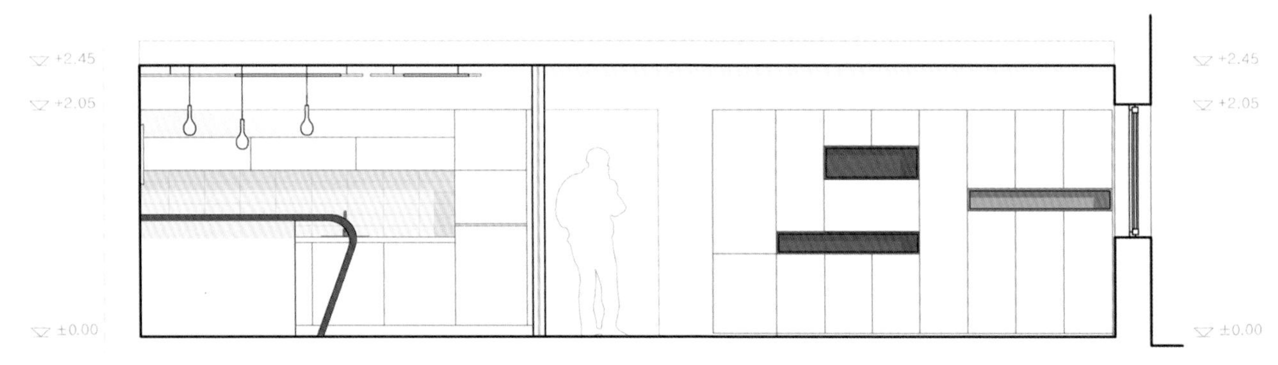

剖面图 3

3
4 5 6

3 员工休息区内设有厨房、酒吧间和沙发，可以同时容纳 7 个人。设计师用绿色摆件点缀空间
4 石膏墙和玻璃隔断将休息区和主办公区分隔开来
5 办公桌与地面图案融为一体
6 玻璃隔断将六人工作区分隔开来。办公桌上的绿色植物为办公环境增添了自然的气息

7 | 8
  | 9

7 设计师遵循对称原则设计了这间会议室
8 会议室天花板上的镜面映出会议桌和 10 人座椅的图像，给人一种空间变大了的错觉
9 墙面上的图形元素将天花板和吧台巧妙地结合在一起

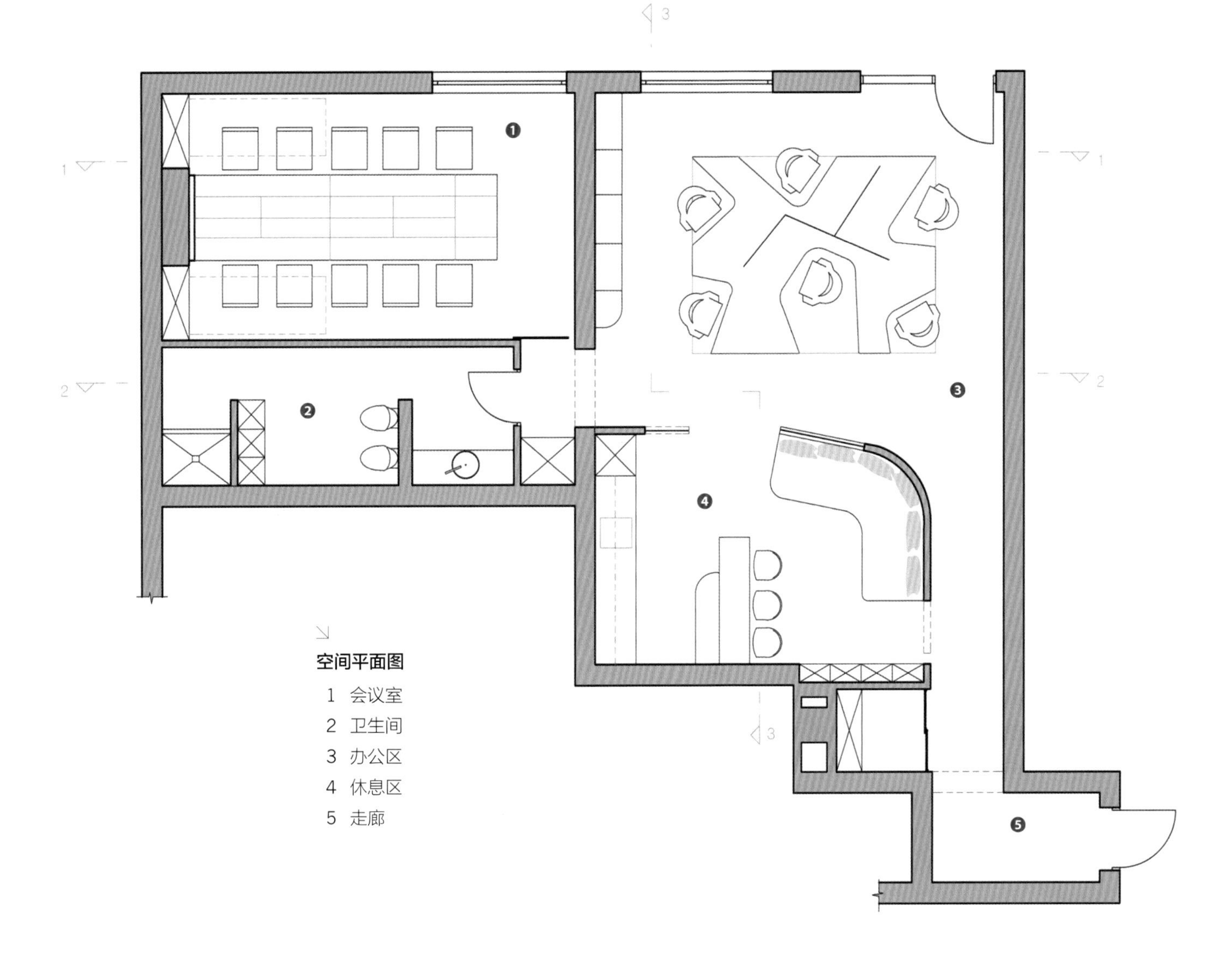
空间平面图
1 会议室
2 卫生间
3 办公区
4 休息区
5 走廊

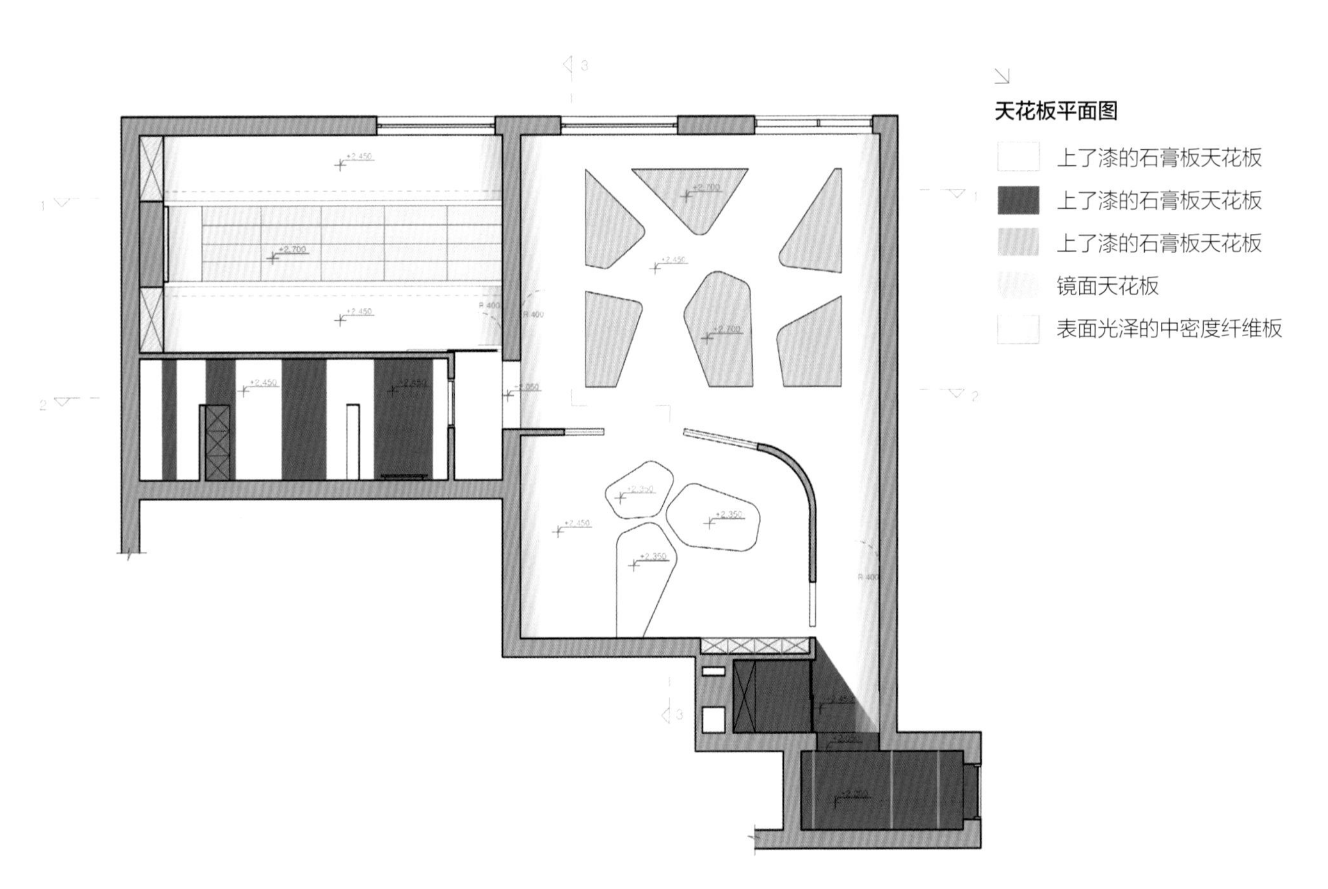
天花板平面图
上了漆的石膏板天花板
上了漆的石膏板天花板
上了漆的石膏板天花板
镜面天花板
表面光泽的中密度纤维板

Studio.Y 余颢凌设计工作室，余颢凌　小巨蛋

委托方
Studio.Y 余颢凌设计工作室

项目地点
中国成都
项目面积
160 平方米
完成时间
2015 年
摄影
李恒，张骑麟

长久以来，建筑一直是人们谈论的永恒主题。建筑为人们提供了空间，让不同的人以不同的方式感受空间。正如一句谚语所说：一千个读者眼里有一千个哈姆雷特。设计指的是在有限的条件下进行自由的创作。在对一个空间进行规划时，设计人员无需放弃某些想法，这或许是另一种形式的释放。

打造出一个出色的办公空间是设计师的初衷。显然，这里会让在坐的人都倍感兴奋。这是一个开放式办公空间，人们可以在自己喜欢的区域办公。这里也是一个兼具办公与休闲功能的空间。人们可以在这里阅读、思考，或是小憩、看看窗外美丽的风景。在明媚阳光的照射下，窗边的肉质植物看起来更加光鲜亮丽。午后，人们可以到这里冲泡一杯咖啡或是吃点香甜可口的水果。这里的一切都是那么的美好！

设计师将最初的构想变成了现实，这个过程就好像是用强大的信念去实现一个他们终日执着的梦想。这个构想怎么样呢？人们无不为之欢欣鼓舞。一个即将孵化的鸡蛋象征着这个充满无限可能的年轻团队。设计师最终从 10 个破碎的鸡蛋中找到了一个破碎程度最具美感的鸡蛋，并以其为原型设计了这个办公空间。

它不仅仅是一颗蛋！

这间小巨蛋会议室内安装有智能系统，可以在任意时段通过苹果基站将苹果手机、笔记本电脑和电视以无线方式相互连接起来，保证通讯畅通有效、信息传输顺利进行。设计师、委托方、施工经理、承包商和供应商在此展开了有效沟通。智能电视、可控灯和由阿纳・雅各布森设计的水滴椅共同营造出一个神奇的办公空间。除此之外，人们还可以通过苹果手机和平板电脑操控智能系统，打开或关闭照明设施、调节亮度和色度，控制窗帘或音乐的开启和关闭。

样品展示区也可作为休闲空间使用。

1 |

1 小巨蛋全景图

2 | 5 6
3 4 | 7

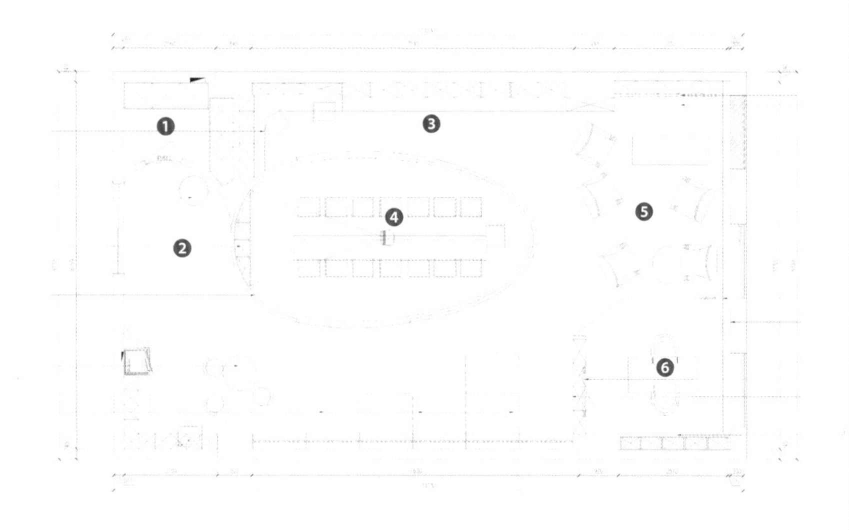

平面布置图

1 储藏室
2 玄关
3 线描材料柜
4 会议区
5 活动区
6 总监办公室

会议室一侧便是布料样品展示区，设计师根据色环的顺序对色彩缤纷的布料进行排列。排列整齐的布料形成了一种独特的色彩感受。人们可以借助双轨梯取下任何一种布料样品。映衬在镜子中的样品墙好似一道绚丽多彩的彩虹横跨整个办公空间。由亚米 • 海因设计的 Ro Chair 休闲扶手沙发椅更是为这个办公空间增色不少。在介绍布料样品时，设计师还会为客户进行色彩测试及色彩心理分析。

瓷砖样品展示区更富趣味性：瓷砖上绘制有多立克柱式、爱奥尼亚柱式、科林斯柱式、托斯卡柱式和组合柱式的图案。这些罗马柱的影响力遍布全球。独特的设计彰显出 Studio.Y 余颢凌设计工作室的设计和采购实力。

总监办公室内设有木桌、柔软的沙发、扶手椅、靠垫和茶具，舒适温馨的氛围给人一种轻松愉快的感觉。能够坐在这里欣赏音乐或是与他人闲聊亦或是品一壶好茶都是一种美妙的享受。

2-3 巨蛋一侧手绘罗马五柱式，以罗马柱做为西方建筑基本母题，隐喻工作室对建筑设计及美学空间营造的孜孜追求

4 办公室另一侧蛋壳式墙壁

5 开放式智能办公空间

6-7 巨蛋一侧的布料选择区，形成一面涌动的彩虹墙

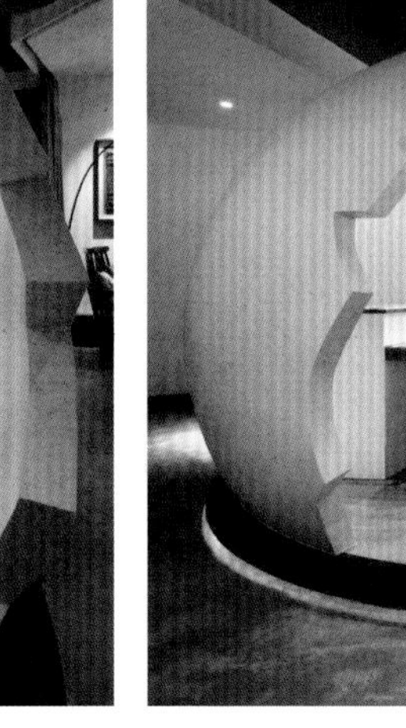

8 舒适的休闲空间
9 办公室侧面图
10 从裂缝观察到的办公室
11 员工可在休息室饮茶，放松身心

各色灯光笼罩下的酒吧间尽显浪漫气息。这里也是一个富有情调的空间，灯光下鲜花鲜嫩欲滴、娇巧迷人。小巨蛋会议室外墙上的公司标识的设计也极为巧妙。

设计是一门可以将概念转化为现实的艺术。设计师借助他们的作品表达自己的思想。在设计构思化成现实的那一刻，设计师的心情无比激动。Studio.Y 余颢凌设计工作室的设计师珍视每一个有关生活真实之美的想法和设计。

陈安斐
朱东晖

竹韵空间——办公空间室内设计

委托方
弈成国际贸易有限公司

项目地点
中国上海
项目面积
240 平方米
完成时间
2014 年
摄影
陈安斐，朱东晖

弈成国际贸易有限公司委托陈安斐，朱东晖对其 240 平米的办公室进行室内设计。该项目位于上海黄浦江畔卢浦大桥边的外滩，从这里可以一览浦江和卢浦大桥。

作为一个有文化担当和创新思维的年轻企业，委托方十分欣赏设计师意图用竹子对办公空间进行重新解读的设计理念。设计师并不想打造田园风格的办公空间，而是希望利用竹子展现一种现代时尚观点。

竹之艺术

设计师以“竹桥”为设计理念，在办公空间内设计了一座连绵的“竹桥”。这座“竹桥”不仅与卢浦大桥遥相辉映，还寓指这家国际贸易公司在国内外业务联系和沟通方面发挥的桥梁作用。“竹桥”将整个办公空间串联起来，随着视角的改变，不同的室内布景一一呈现在人们面前。

这座“竹桥”由细长的竹条编织而成，每个竹条之间留有适当的距离，看上去好似一个巨大的灯笼骨架。

竹之作用

这座“竹桥”不仅具有一定的功能性，还可产生很好的艺术效果。长凳、橱柜、形象墙、照明装置、空气过滤器、隔墙等设施与“竹桥”结构融为一体。

此外，为了保证交换机、打印机、传真机、电脑、电话等设备有良好的通风和散热条件，设计师还对办公室前台进行了特殊处理。

竹之象征

在相当长的一段时间里，竹子一直是一种重要的汉字载体，从早期的竹简到后来的竹纸，无不记录着中华文明的发展历程。设计师利用传统的竹

1 休息区内的景象
2-3 办公区内的景象

1 | 2
  | 3

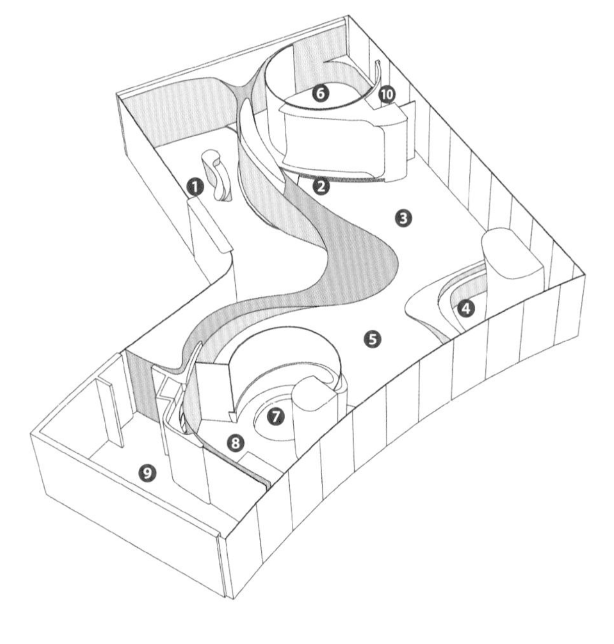

透视图

1 前台
2 储物柜
3 办公区
4 开放式吧台
5 休息区
6 会议室
7 接待区
8 总经理办公室
9 财务办公室
10 储物间

竹桥

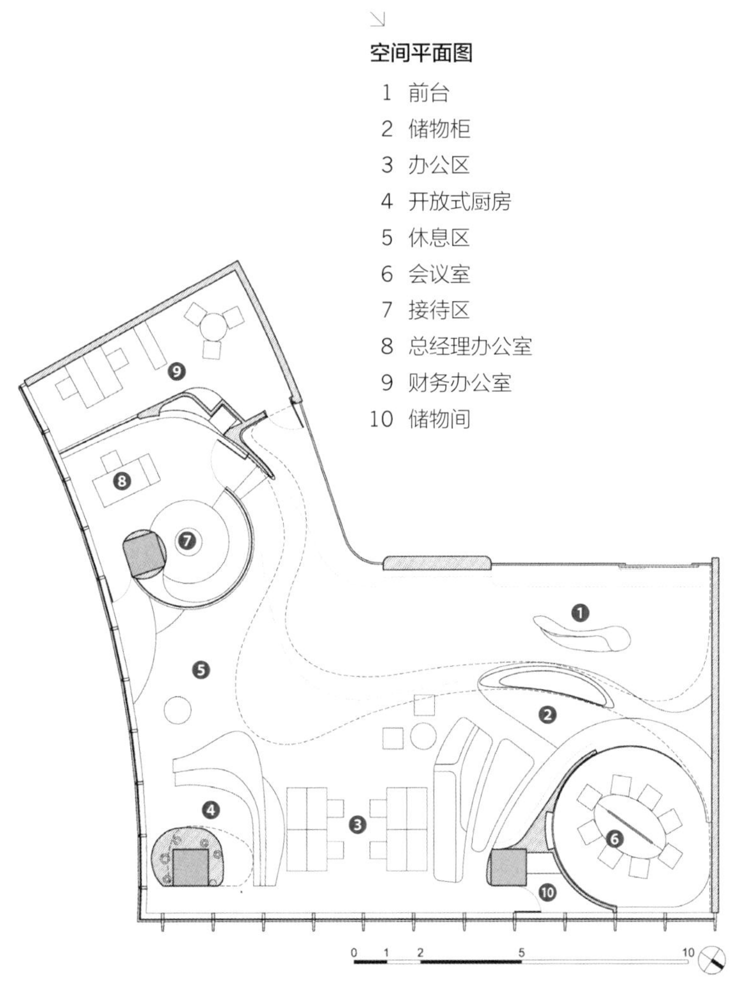

↘
空间平面图

1 前台
2 储物柜
3 办公区
4 开放式厨房
5 休息区
6 会议室
7 接待区
8 总经理办公室
9 财务办公室
10 储物间

编工艺对这家公司的标识进行了重新诠释，将深色的横竹条与浅色的竖竹条编织在一起，以一种传统的方式制作出数字像素艺术图案，这恰好与该公司“未来源自传统”的理念相呼应。

经理办公室内的世界地图也是遵照相同的理念设计而成的。

4 总经理办公室内的景象
5 入口空间内的景象
6 吧台处的景象
7 前台细节图

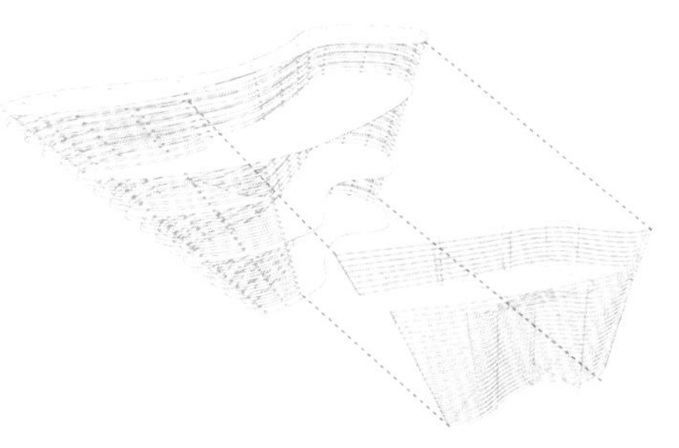

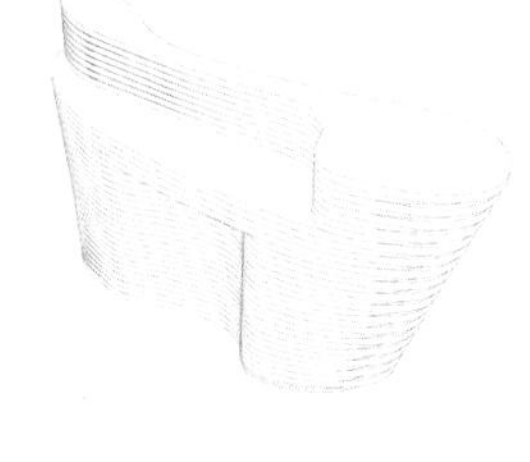

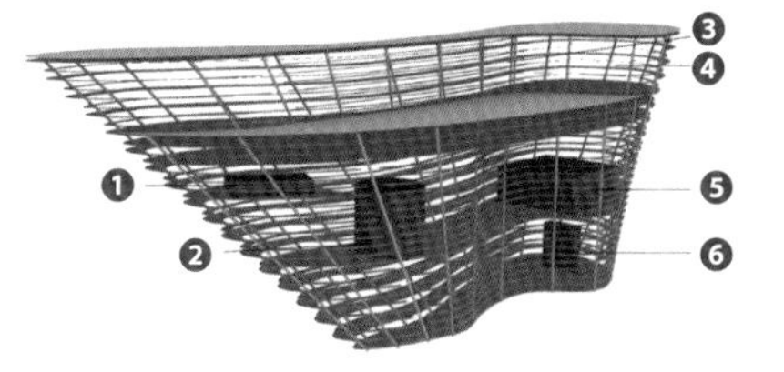

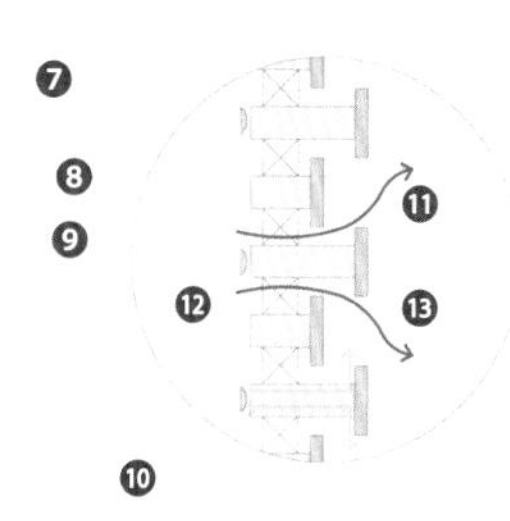

4 | 6
5 | 7

↘

前台细节图

1 转换开关
2 垃圾桶
3 控制器
4 电话
5 打印机和传真机
6 电脑
7 竹条
8 木格栅
9 LED 灯
10 树脂玻璃
11 通风机
12 内部结构
13 外部结构

菲尼克斯 · 沃夫

项目名称

Pixel 公司办公室设计

委托方
The Pixel 公司

项目地点
英国布里斯托
项目面积
164 平方米
完成时间
2014 年
摄影
菲尼克斯 · 沃夫

电子商务和网络营销专家 Pixel 公司委托菲尼克斯 · 沃夫在布里斯托的创意区为其打造新的办公空间。Pixel 公司原先驻扎在一座 20 世纪 80 年代的办公大楼内，现已买下前油漆厂区内的一块特色地产。

该项目的核心目标是为 Pixel 公司及其员工打造一个既可振奋人心，又能彰显公司在电商领域地位和蓬勃发展势头的办公空间。终极目标是给人一种眼前一亮的感觉，同时还要体现出 Pixel 公司的高品质产品和高品质服务。

Pixel 公司拒绝接受传统的办公室布局形式，而是支持更为大胆的设计方案，这也映射出，这家公司正在面向未来持续的业务增长不断调整自身发展姿态的种种举措。

在这样一个充满挑战的产业内工作，需要一定程度的“创造性思维”。有了创新的设计和制造工艺，才能打造出一个真正灵活的定制空间。设计师

与合作伙伴展开紧密合作，从创新和实用的角度对该项目进行规划和设计，在紧迫的时间内用有限的预算完成了该项目的设计。

1 公司标识
2 就餐区设有高靠背座椅和可移动的桌椅

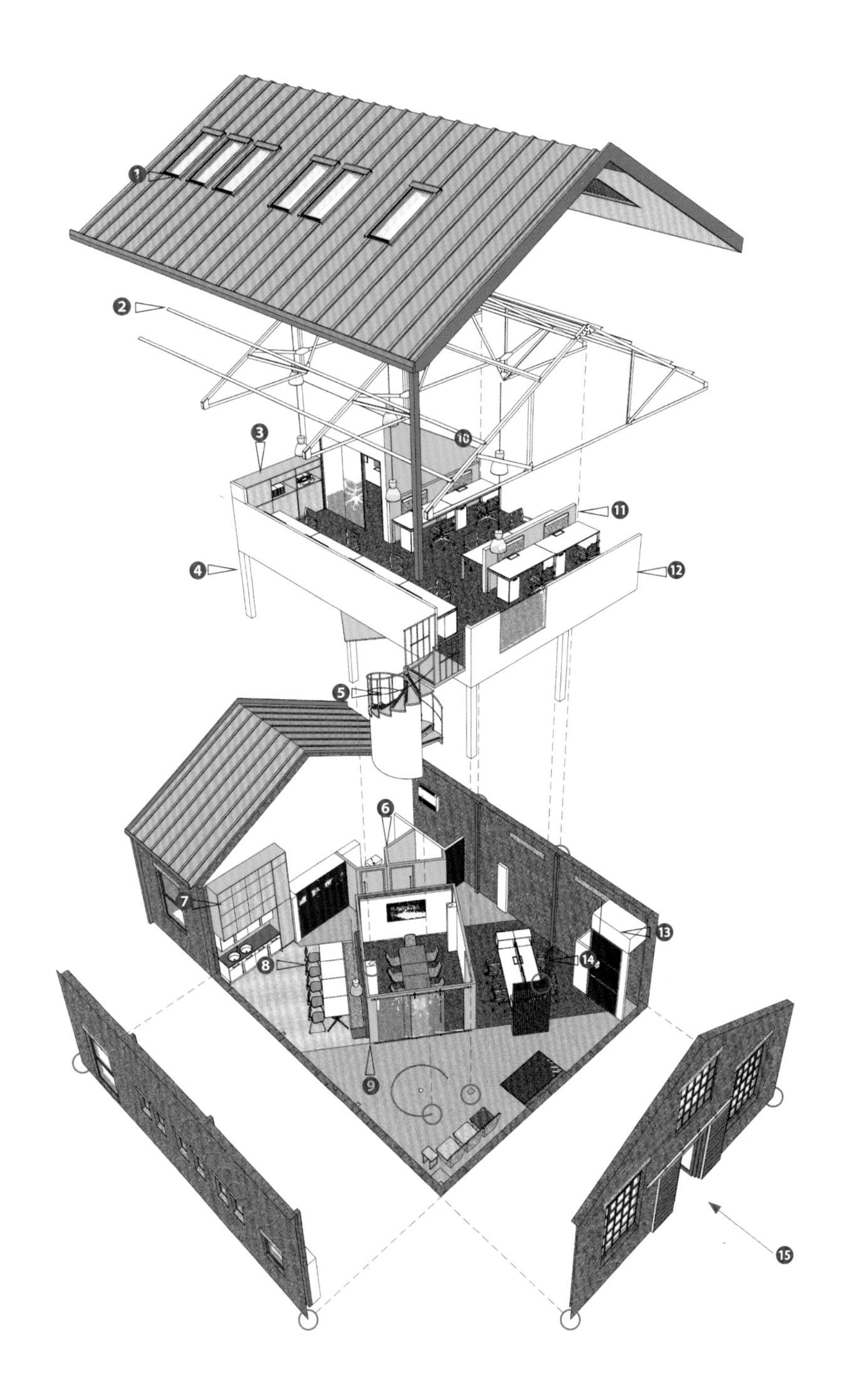

空间平面图

1 现有屋顶
2 白色的金属构架
3 储物柜和储物架上可以摆放打印机、纸盒和文具
4 现有阁楼
5 楼梯
6 隔墙将卫生间 / 服务器机房与其他区域分隔开来
7 厨房上方的食品储藏柜
8 就餐区设有高靠背座椅和可移动的桌椅
9 安装有玻璃滑动门的会议室
10 安装有玻璃门的立柱墙将会议室与其他区域分隔开来
11 低层桁架下面的隔墙
12 阁楼空间安装有玻璃板，与上面的窗户十分相称，低层围墙处安装有栏杆
13 现有空调设施
14 前台幕墙是入口空间的一大亮点，瓷砖上设有公司标识
15 空间入口

3 安装有玻璃滑动门的会议室
4 楼梯
5 办公桌
6 厨房上方的食品储藏柜
7 低层桁架下面的隔墙

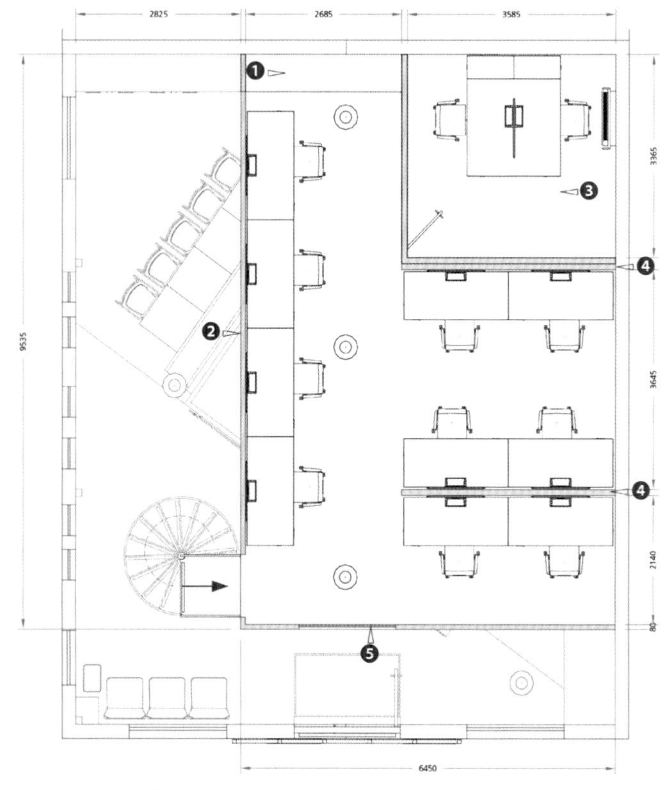

新的建筑墙面和隔墙

空间平面图 比例尺 1:50

1 储物柜和储物架上可以摆放打印机、纸盒和文具，与厨房上方的食品储藏柜十分相称
2 固定栏杆的墙面为哑光白色
3 安装有玻璃门的立柱墙将办公室 / 会议室与其他区域分隔开来
4 低层桁架下面的隔墙
5 阁楼空间安装有玻璃板，与上面的窗户十分相称

3 | 4 6
| 5 7

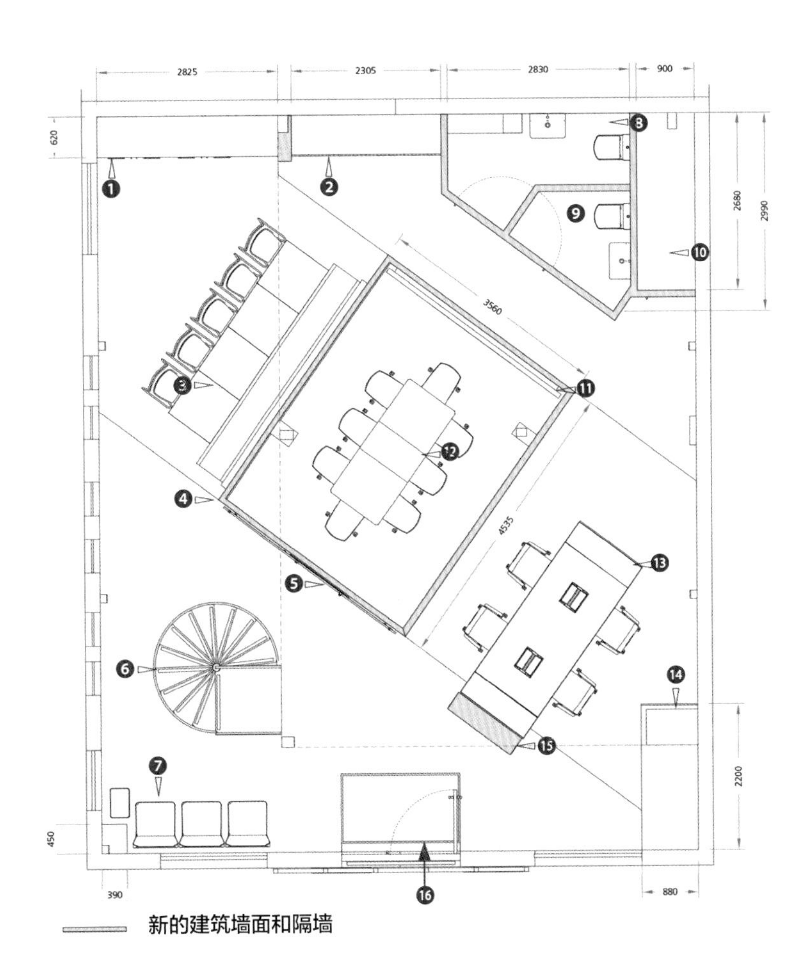

新的建筑墙面和隔墙

↘

空间平面图 比例尺 1:50

1 安装有食品储藏柜的厨房
2 阁楼下面的储物间
3 就餐区设有高靠背座椅和可移动的桌椅
4 阁楼下面斜下方的会议室
5 会议室前面的玻璃滑动门
6 蓝绿色的楼梯
7 接待区内摆放的座椅
8 卫生间 01 安装有储物柜的女士卫生间
9 卫生间 02 男士卫生间
10 服务器机房也可作为储物间和衣帽间使用
11 媒体墙上安装有 60 英尺宽的嵌壁式投影幕
12 会议桌上摆放有数据资料和电源插座
13 项目经理办公桌
14 现有的空调设备围护结构
15 前台幕墙是入口空间的一大亮点，瓷砖上设有公司标识
16 空间入口

As-Built建筑事务所，蒙乔·雷伊，巴勃罗·里奥斯

西班牙As-Built建筑事务所办公室设计

委托方
西班牙As-Built建筑事务所办公室

项目地点
西班牙费罗尔
项目面积
82平方米
完成时间
2014年
摄影
蒙乔·雷伊

在这个项目中，设计师试图打造一个属于他们自己的“小屋”，他们可以在这个温馨的办公空间内开展设计工作。

设计师试图对费罗尔一个十八世纪建筑内的底层空间进行翻修。这是一个占地约82平方米（5米x16米）的狭长空间，每天需要获得几个小时的光照。

为了做到这一点，设计师设计了一个“颠倒的船龙骨”结构；设计师可以在这个白色的空间内完成自己的工作。由于龙骨无法延伸到建筑的正面，因此，设计师修设了一间用来接待客户和欣赏小屋的会客室。设计师将人类在自然界中的主要庇护场所融入该项目的设计中，在小屋旁边的墙面上设置一个用白色塑料杯制成的树形雕塑。随着时间的推移，人类的庇护所从树木变成了小屋，这便是设计师想要呈现的设计思想。

整个办公室（墙壁和天花板）被喷成深灰色，与白色的地板和小屋的中密度纤维板表面形成鲜明的对比。LED间接照明灯饰使原本黑暗的空间变成了一个温暖明亮的办公场所。所有结构均采用覆有19毫米x150毫米的白色中密度纤维板条和70毫米x100毫米的红松木制成，并采用了干接缝拼接的方式，这与美国的“轻捷骨架结构”十分相似。

当人们走出小屋时，便可以看到休息区内的小型厨房和储物架。这里的墙面加覆有一层保暖材料——16毫米的OSB板，与深灰色的墙壁和天花板形成鲜明的对比。所有接线均被设计师藏在的小屋的后面。

1 从入口空间望向内部空间

1|

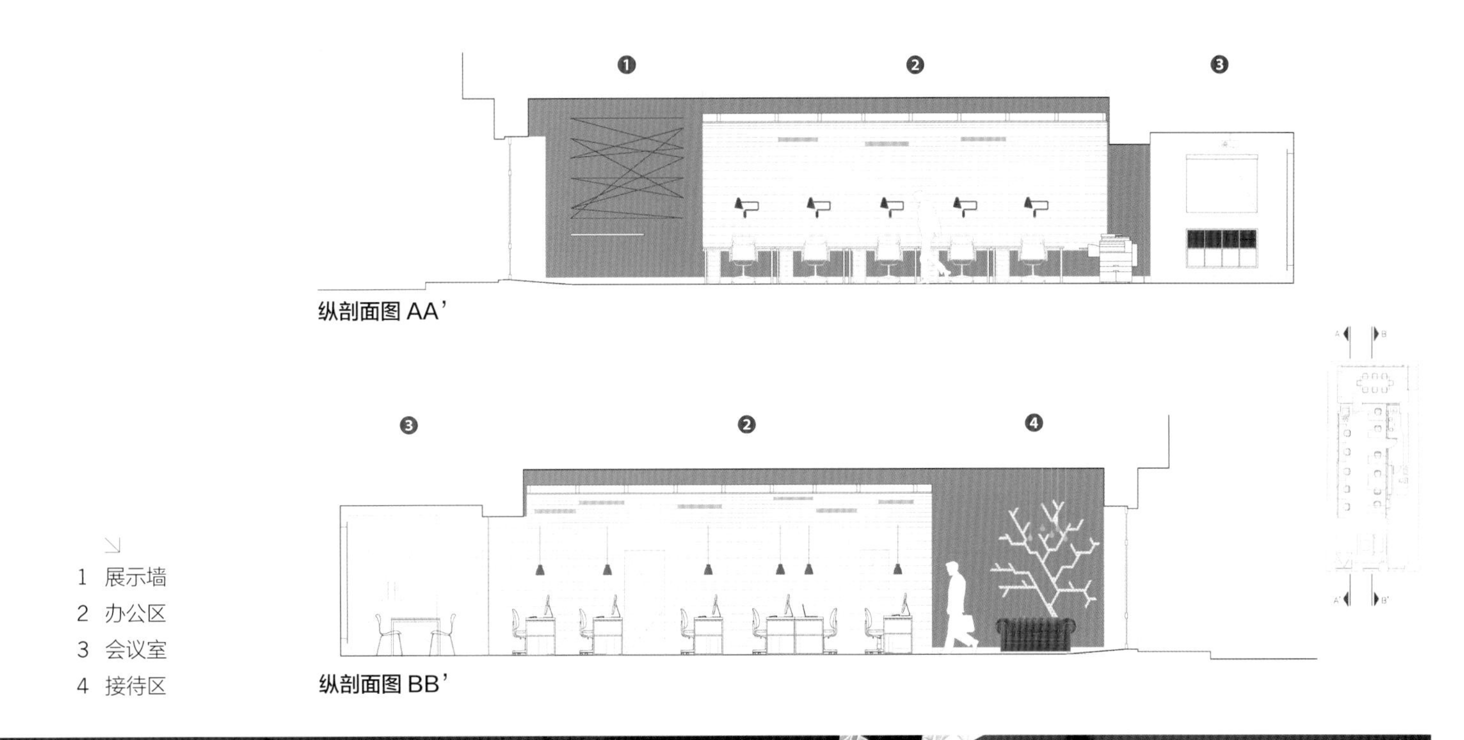

纵剖面图 AA'

纵剖面图 BB'

1 展示墙
2 办公区
3 会议室
4 接待区

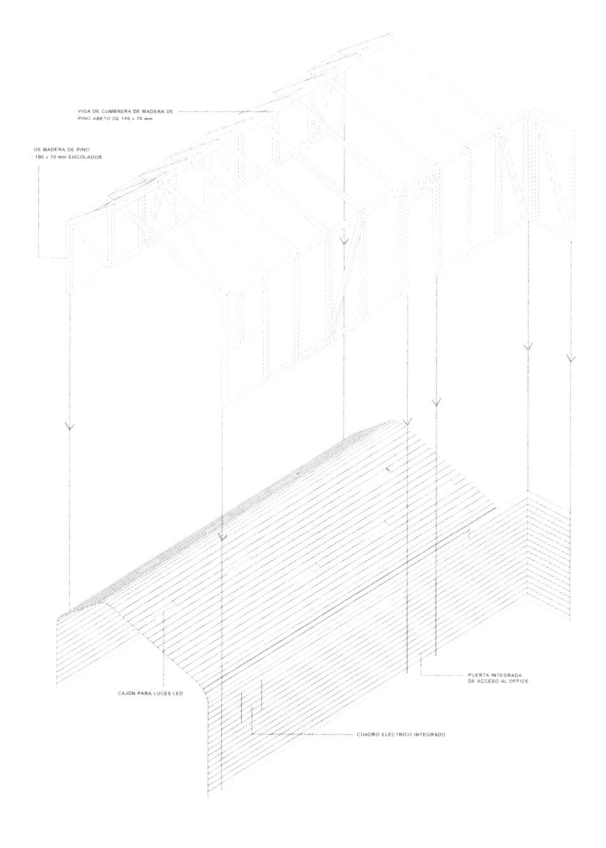

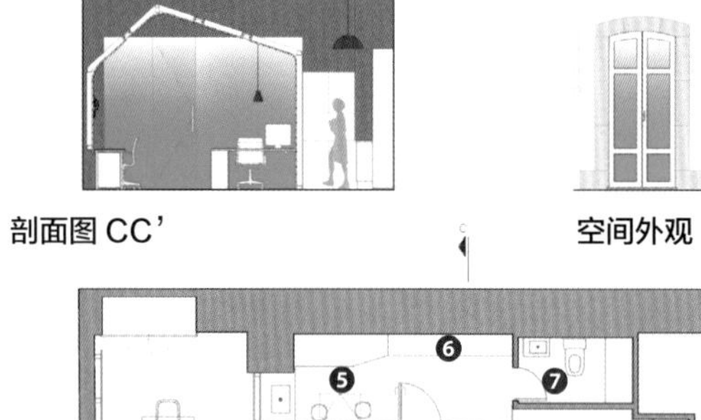

剖面图 CC’

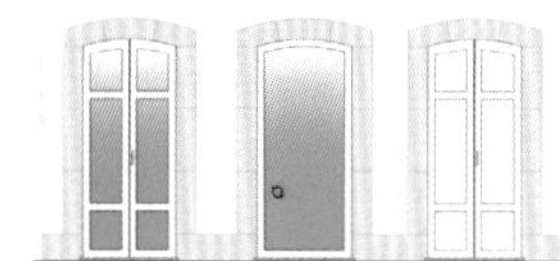

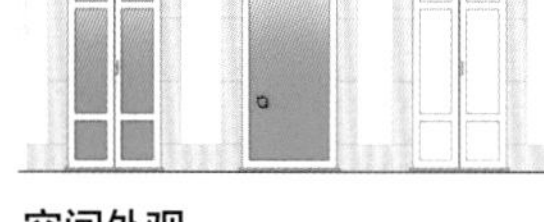

空间外观

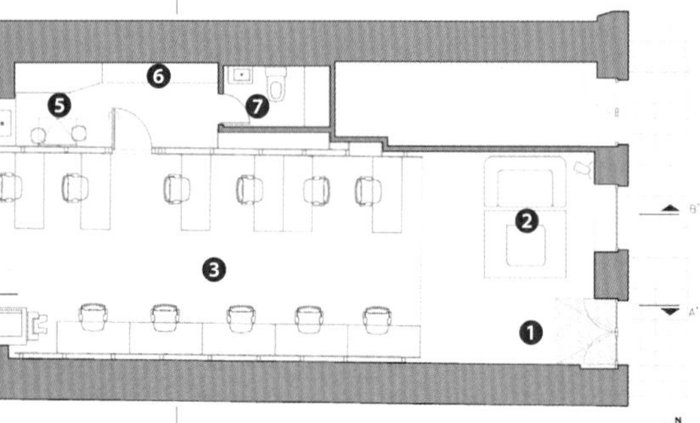

底层平面图

1 入口空间
2 接待区
3 办公区
4 会议室
5 咖啡间
6 书架
7 卫生间

2 | 4 5
3 |

2 办公室位于费罗尔市的历史中心
3 办公区的光线十分充足
4 照明设施细节图
5 接缝线条可以增强空间感

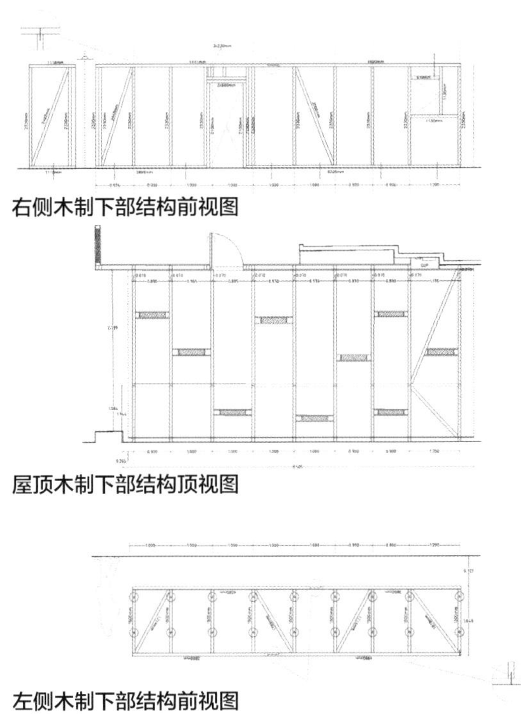

右侧木制下部结构前视图

屋顶木制下部结构顶视图

左侧木制下部结构前视图

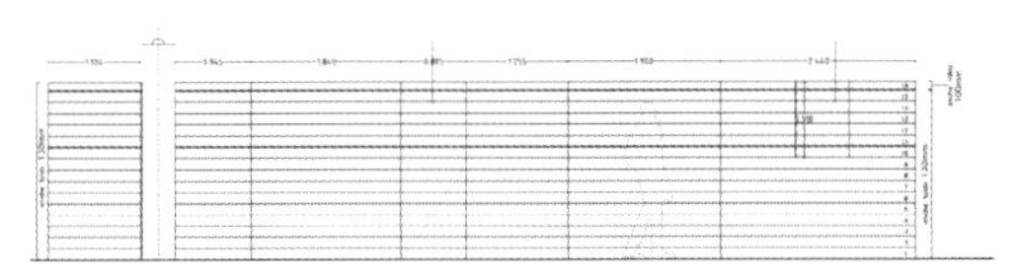

中密度纤维板右侧覆面前视图

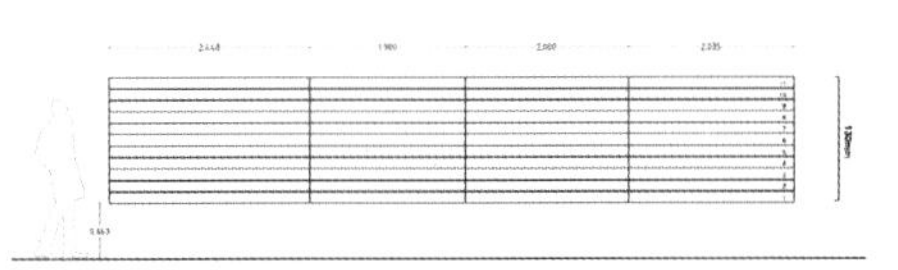

中密度纤维板左侧覆面前视图

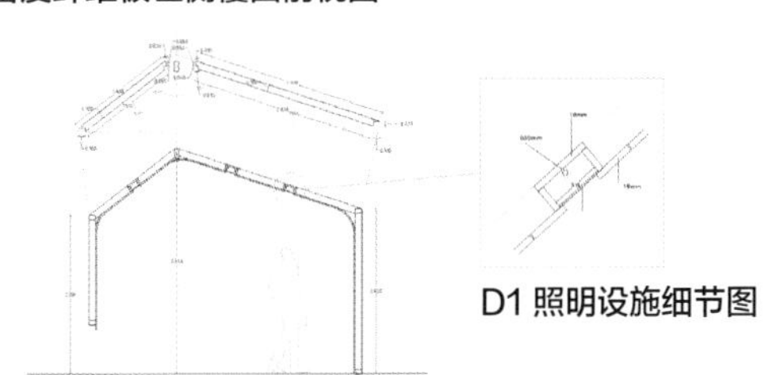

木制框架类型

D1 照明设施细节图

6 办公桌上方的吊灯
7 办公空间底层的会议室
8 等候区设置了一个用白色塑料杯制成的树形雕塑
9 等候区墙面上的红绳上挂有工作室作品的照片
10 咖啡间的隔墙和储物架是用 OSB 板制成的

6 8 | 10
7 9 |

Mamiya Shinichi 设计工作室

Pillar Grove 新式办公空间

委托方
Pillar Grove 公司

项目地点
日本爱知县
项目面积
171.8 平方米
完成时间
2014 年
摄影
矢野智之

1 办公空间全景图
2 员工们可以从楼梯上到二楼
3 休息区

1 | 2
  | 3

该项目位于名古屋市郊，靠近地铁的最后一站，面向一条重要主干道。周边地区正在着手开发一个大型项目，未来几年内，这里将发生翻天覆地的变化。

该项目将落实以下几项内容：打造一个新空间，它将在公司的未来发展中扮演重要角色；鼓励公司员工积极沟通；探索木制结构的可能性。施工方案需要考虑以下几个因素：第一，木质梁柱，代替主墙体的 30 根木质梁柱灵活地分布于整体空间内，成功地摆脱了对承重墙的依赖。第二，平板结构，用高低错落的平板结构对整体空间进行上下层的分割，员工可以自由选择心仪的区域办公。第三，建筑外墙，四面墙上都设置了相同尺寸的开窗，可以为建筑体带来一种独立而充满纪念情怀的氛围，并给人一种经久耐用的感觉。

这些因素组合在一起，造就出一个既富创意又令人惊艳的功能性办公空间。部分被平台分隔的窗户、邻近楼梯和位于角落的窗户又融合成一个丰富而奇特的空间——每当阳光透过窗户倾洒至室内时，整个空间便宛如一个小树林般，光与影在此交错。

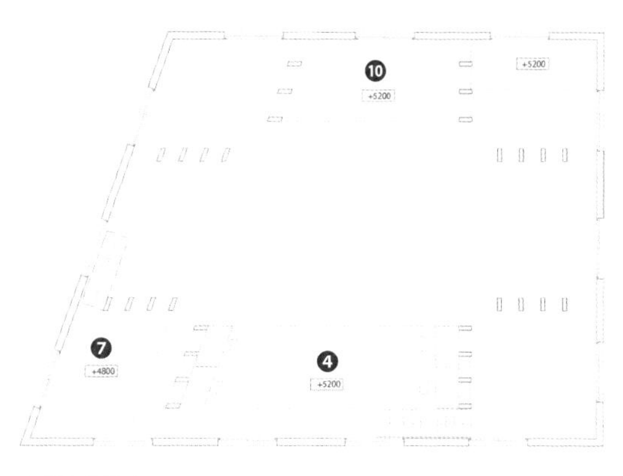

3 楼平面图

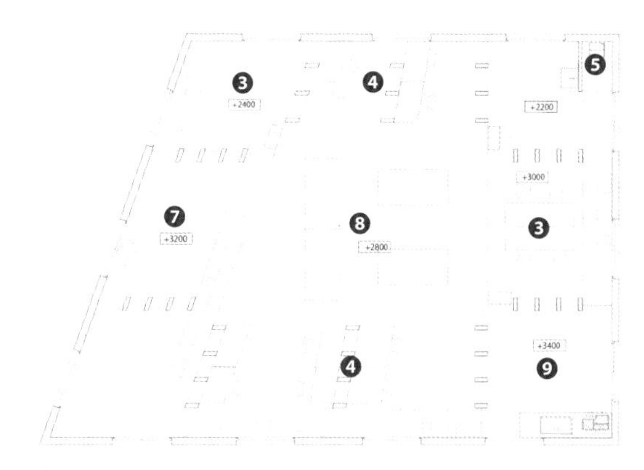

2 楼平面图

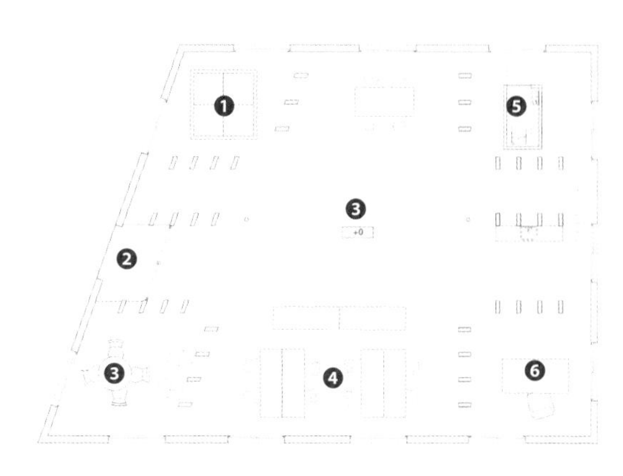

1 楼平面图

↘

1 儿童活动区
2 入口空间
3 会议区
4 办公区
5 卫生间
6 负责人办公室
7 阅览区
8 工作台 / 会议区
9 厨房
10 储物间

6
4 | 7
5 | 8 9

办公空间设计所遵循的规则或许会令人想起后现代建筑。然而，如果说后现代建筑专注于内涵的话，那么这个办公空间则兼具内涵和空间上优势。“后现代”的最初含义是什么呢？设计师将其对历史价值的重新考量融入了办公空间的设计中。

4 员工们可以从楼梯上到二楼
5 员工们可以在休息区闲谈和放松
6-7 原木被广泛地应用到办公空间的设计中
8 二楼夹层
9 木制书架

室内设计

1305 工作室，申强

委托方

1305 工作室

项目名称

1305 工作室办公空间

项目地点

中国上海

项目面积

306 平米

完成时间

2014 年

摄影

申强

1 | 3
2 |

位于上海市静安区石库门建筑内的 1305 工作室办公空间被设计成充满创意的多功能空间。该办公空间不仅可被用于进行建筑设计、室内设计和平面设计，还可被用于举办时装秀、艺术展、鸡尾酒会甚至专业讲座等活动。设计师对上海胡同文化有着浓厚的兴趣，因而力求让这个 306 平米的空间发挥出最大能效，将其打造成传统文化与现代文明交相融合的和谐空间。结果证明，这的确是一次不错的尝试。

空间的关键词是“盒子”。随意堆积或是散落的盒子赋予了空间无限的可能性。在这个空间内，人们可以很快地适应环境，和他人畅聊，分享欢乐。

该项目的设计理念来源于“一杯水”的概念。临时空间好似一个没有“边缘”的玻璃杯，拥有无限的可能。如同“一杯水”，倒掉杯中水，反而会有无限的可能，可以变成“一杯牛奶”、“一杯果汁”、“一杯啤酒”，甚至是任何一杯东西。

工作

如同一杯水，我们在这“杯”中工作的时候，可以看到所谓的办公桌、文件柜等办公场所需要的物件。无论是办公桌还是文件柜，设计师都进行了准确的设计安排，使其可以自由组合，满足办公空间未来 5 年甚至 10 年后的使用需求。

聚会

每到周末，办公空间将彻底变化成为另一番景象，办公空间中使用的前台接待台摇身一变成为炫酷的 DJ 台或是摆满各种酒水的长吧台，7 米长的屏幕上播放着各种光怪陆离的影像。

走秀

用于储藏的木盒可瞬间搭出走秀 T 台。人们可以在周末约上好友一同举办一场小型设计成果展示秀，自娱自乐。

艺术展览

在周末，平日办公的区域不再是一个工作空间，而会成为一个展览大厅或是一个艺术展会。

1 木盒座椅区
2 办公空间内的书架
3 办公区

图书馆

当所有的书架被叠起时，办公空间又会变身成一个小型图书馆。

演讲

两种白色的木架由书架变成了演讲所需的座椅，而高 15 厘米和 30 厘米两种规格的橡木盒堆叠成高 45 厘米的讲台，可以满足 50–100 人左右的小型演讲报告会的需要。

橡木制成的木盒子具有存储功能。经过反复计算后，设计师可以设计出尺寸精确的盒子。精确的尺寸使空间展示出不同的功能。盒子的高度为 15 厘米和 30 厘米，它们可以自由组合和叠加，叠加的高度可以为 45 厘米、60 厘米、75 厘米和 90 厘米及以此类推的更高尺寸。木盒门的开启方向对组合之后的空间多变性和隐私性予以考虑。木架可以分为宽度为 15 厘米和 30 厘米的组件，变化叠加高度后，可以变成吧台、书桌，将传统书架拆解为单元组件，也是考虑未来搬离后可重复使用，具有一定的环保性和可持续性。

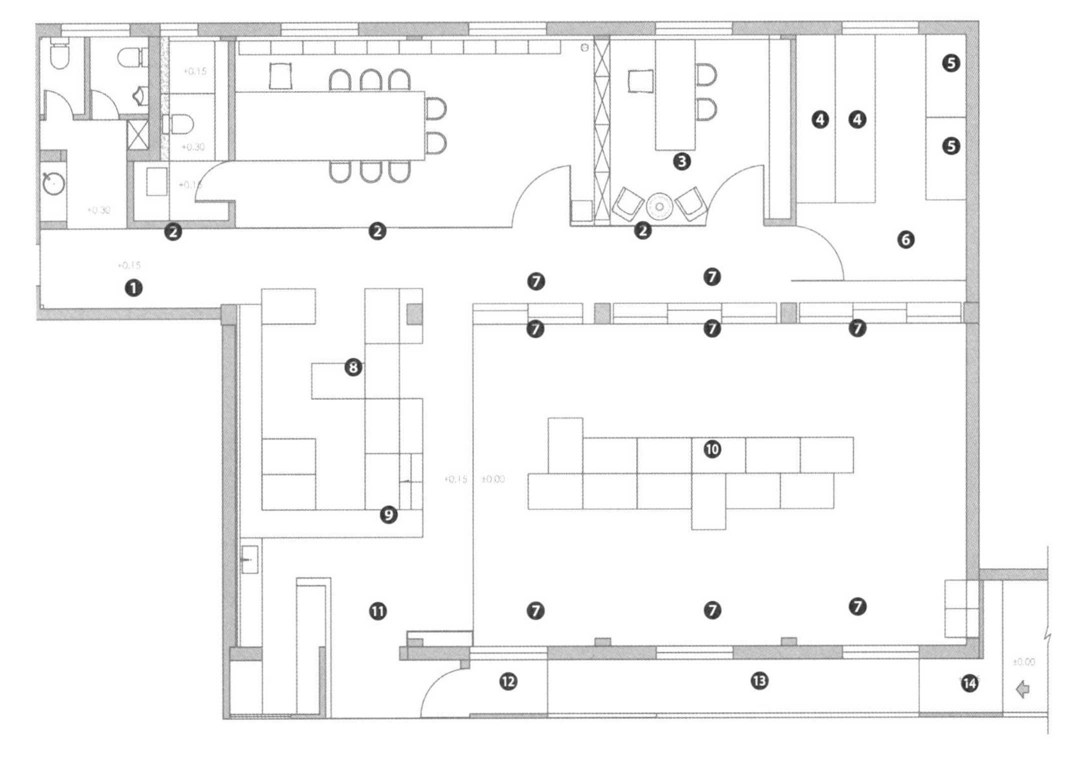

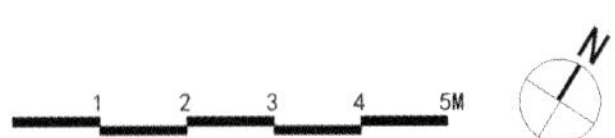

展区平面图

1 书架
2 海报
3 贵宾室
4 3660 毫米 x900 毫米（三张桌子）
5 1800 毫米 x 900 毫米（三张桌子）
6 储藏间
7 艺术展览区
8 展台
9 吧台
10 木盒座椅区
11 接待台
12 入口
13 户外花园
14 门廊

4-5 木盒座椅区
6 储藏间
7 安装有投影幕的木盒座椅区
8 会议室
9 书架

图书馆平面图

1 书架
2 贵宾室
3 储物间
4 木盒座椅区
5 投影幕
6 吧台
7 接待台
8 书架
9 木盒座椅区
10 入口
11 户外花园
12 门廊

4 6|8
5 7|9

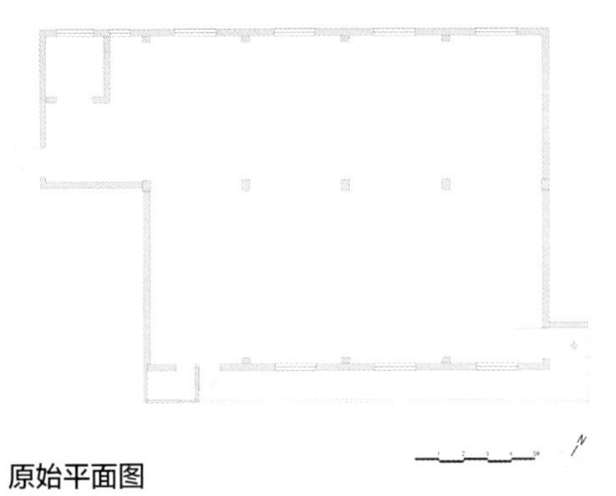

原始平面图

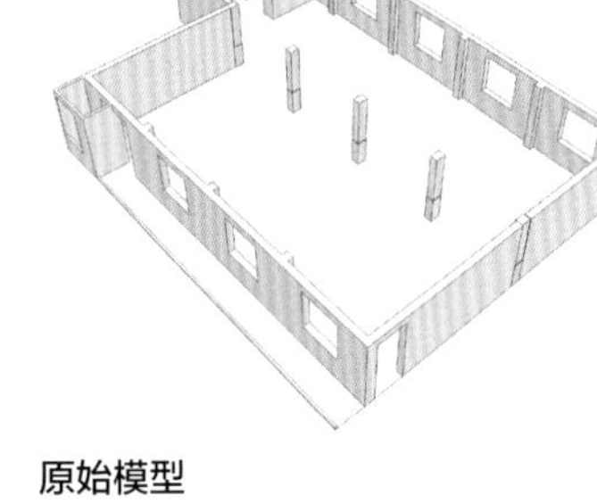

原始模型

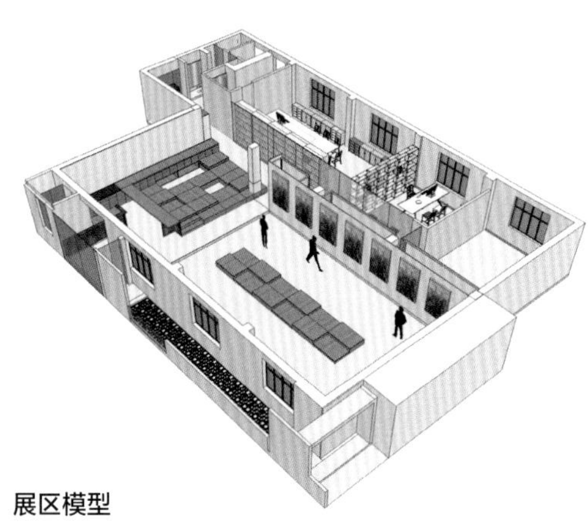

展区模型

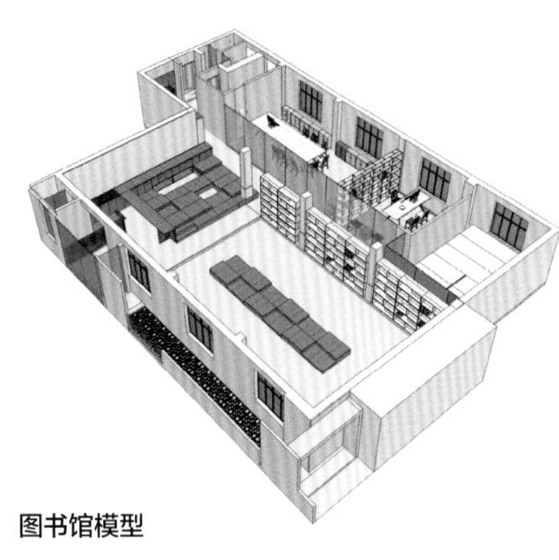

图书馆模型

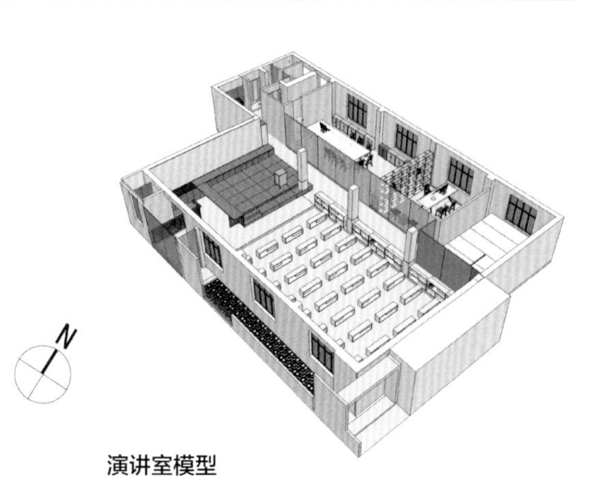

演讲室模型

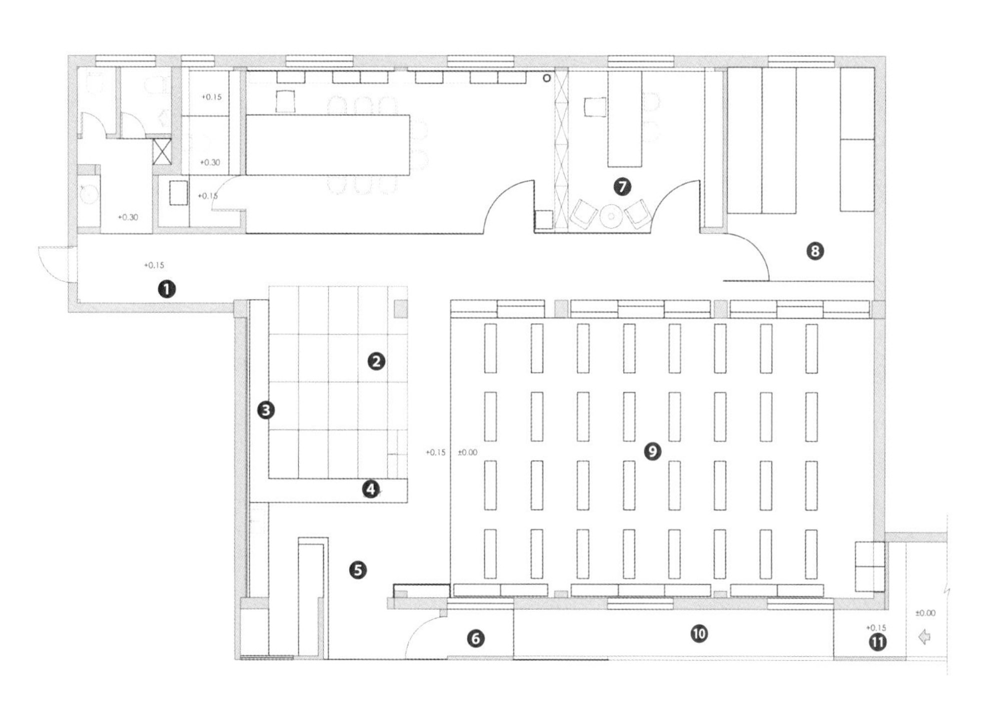

演讲室平面图

1 书架
2 讲台
3 投影幕
4 吧台
5 接待台
6 入口
7 VIP 坐席
8 储藏间
9 观众木盒座椅
10 户外花园
11 入口玄关

11 | 13 14
10 12 | 15

10 可供休息的座椅
11 入口玄关
12 演讲室
13 卡通装饰物
14-15 木盒座椅区

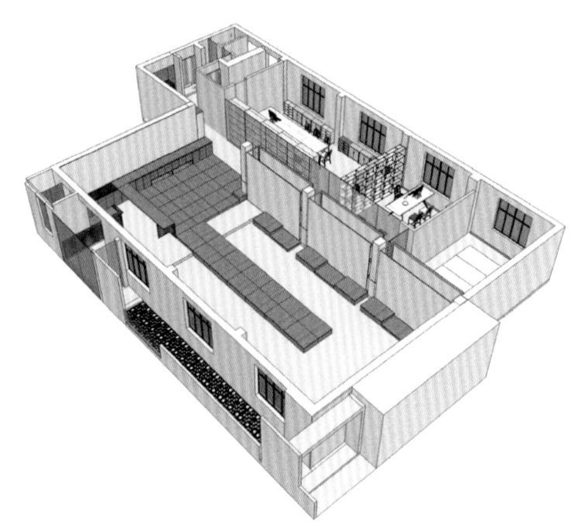

T 台区模型

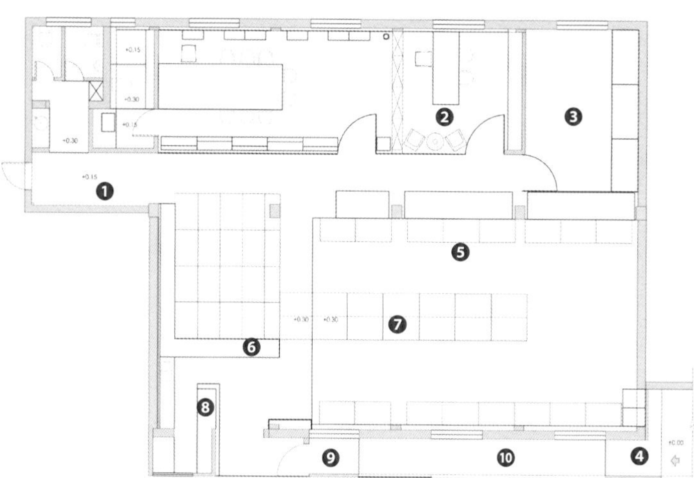

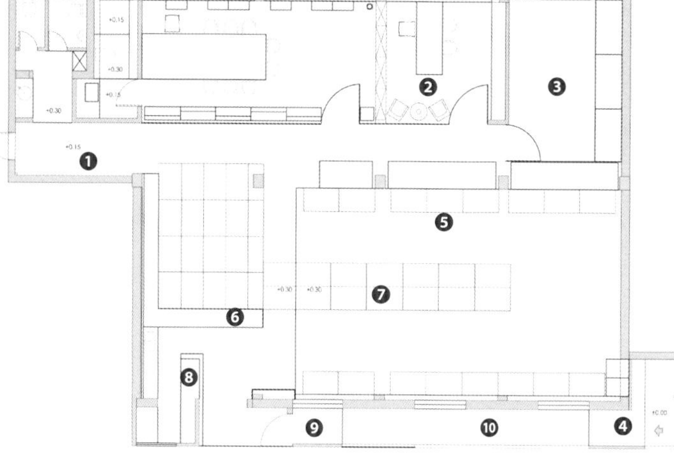

T 台区平面图

1 书架
2 VIP 坐席
3 化妆间
4 入口玄关
5 观众席
6 吧台
7 T 台
8 DJ 台
9 入口
10 户外花园

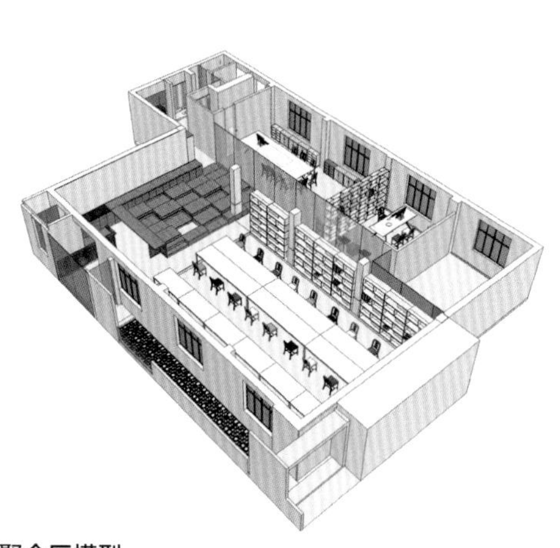

聚会区模型

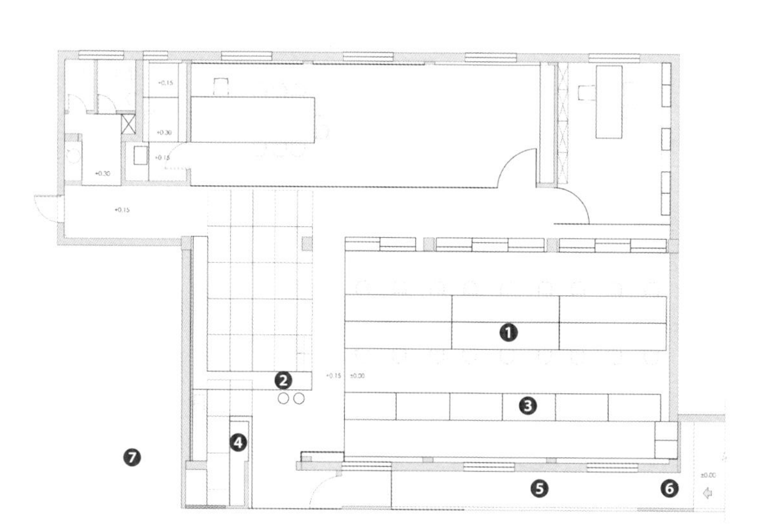

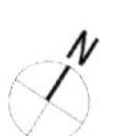

聚会区平面图

1 餐桌
2 吧台
3 冷餐台
4 DJ 台
5 入口
6 户外花园
7 入口玄关

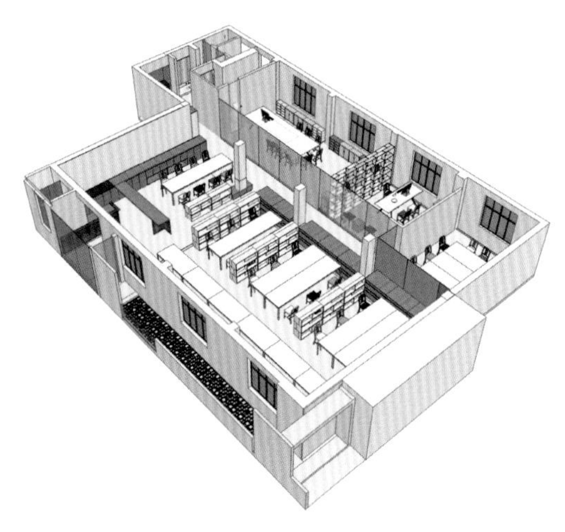

办公区模型

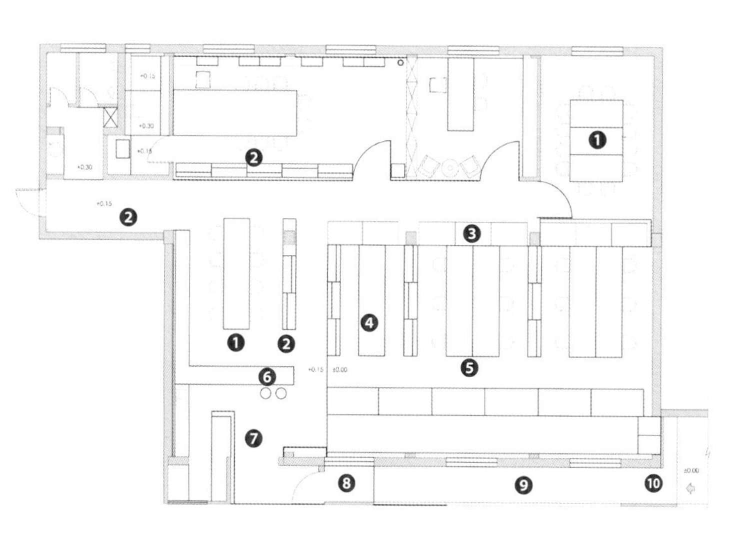

办公区平面图

1 会议室
2 书架
3 木盒
4 材料间
5 办公桌
6 吧台
7 接待台
8 入口
9 户外花园
10 入口玄关

16
17 18
19

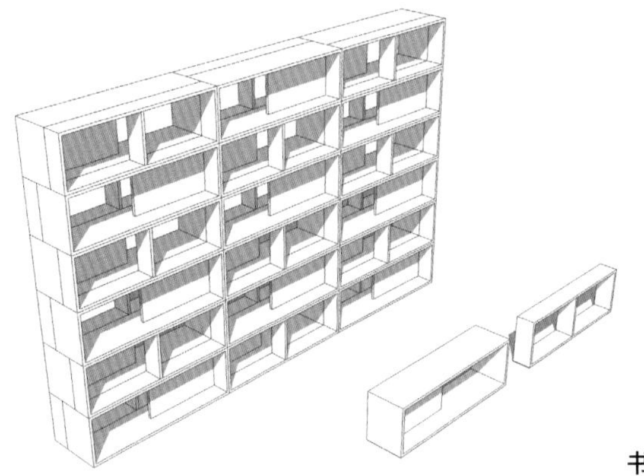

书架 1

16-18 办公区
19 会议室

Zemberek Design 事务所

E.B. Office 办公室设计

委托方
VIGOSS 纺织公司

项目地点
土耳其伊斯坦布尔
项目面积
90 平方米
完成时间
2014 年
摄影
萨法克 · 埃姆雷恩斯

这是一间专门为 VIGOSS 纺织公司年轻而充满活力的市场经理打造的办公室。纺织公司的总部大楼是一个工业办公大楼，而这间办公室却被设计成一个舒适温馨、充满活力的办公空间。办公室内铺设有烟熏橡木地板，并配备有铁黄铜涂层家具和彩色绒面沙发。

办公室位于一座旧建筑内，整个空间以充满古朴自然味道的灰色为主色调。办公室内放置有红色、蓝色和黄色的沙发。这些暖色与室内空间的主色调灰色形成强烈的视觉对比。设计师希望对墙面空间进行充分利用，安装一些造型别致的架子摆放书籍、杯子和其他小摆件。

多种照明设施发出的暖色灯光让室内空间变得温馨而舒适。而由薄丝制成的窗帘正好符合 VIGOSS 纺织公司的宗旨。

1 办公区和会客区
2 小厨房

1 | 2

3 | 4
5 6 7

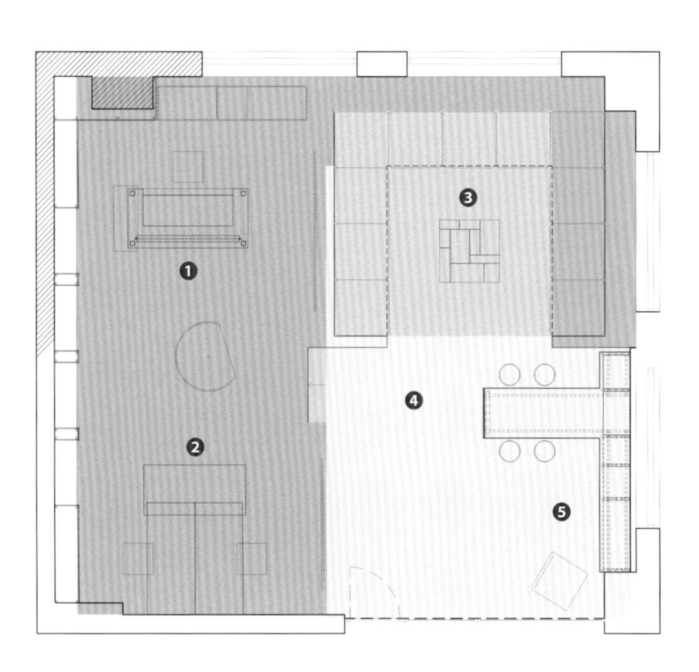

↘

空间平面图

1 经理办公区
2 助理办公区
3 会客区 / 休闲区
4 多功能区
5 小厨房

3 舒适温馨的会客区 / 休息区
4 不同质地的室内设计材料
5 柔光灯
6 色彩鲜艳、充满生气的橱柜
7 经理办公区

1:1 建筑工作室，爱德华·赛恩斯，莉莲·格莱娜

1:1 建筑工作室办公空间

委托方
1:1 建筑工作室
项目地点
巴西巴西利亚
项目面积
33 平方米
完成时间
2014 年
摄影
埃德加德·凯撒

当人们走进这间 33 平方米的小型办公室时，首先映入眼帘的是精致细腻的质感和光影交错的景象。设计师带着他们对爵士乐的热情投入到琐碎的日常工作中。每个墙面都设计有特别的装饰性元素。会议室内放置有精心挑选和制作出来的家具，人们可以在这里开会或是洽谈业务，也可以倚靠在由家具设计师塞尔吉奥·罗德里格斯设计的阿斯帕斯扶手椅上休息。

设计师还在办公室旁为小型支持团队布置了一个工作区，并配置了干净简洁的办公桌和特色办公椅。精心设计后的办公空间实现了功能性与舒适度的完美结合。

主体空间的设计不仅体现了 1:1 建筑工作室的影响力和美学主张，还体现出工作室意图赋予老式项目强烈工业现代感的设计理念。巴西利亚拥有众多优秀的建筑和设计遗产；因此，1:1 建筑工作室决定推出一些可靠项目的举措深受广大客户欢迎。

1 会议室内摆放着由家具设计师塞尔吉奥・罗德里格斯设计的阿斯帕斯扶手椅
2 会议室内的耐受钢桌和吊灯是由 1:1 建筑工作室设计的
3 瓜伊巴椅是由家具设计师卡洛斯・莫特设计的，吊灯是由 1:1 建筑工作室设计的

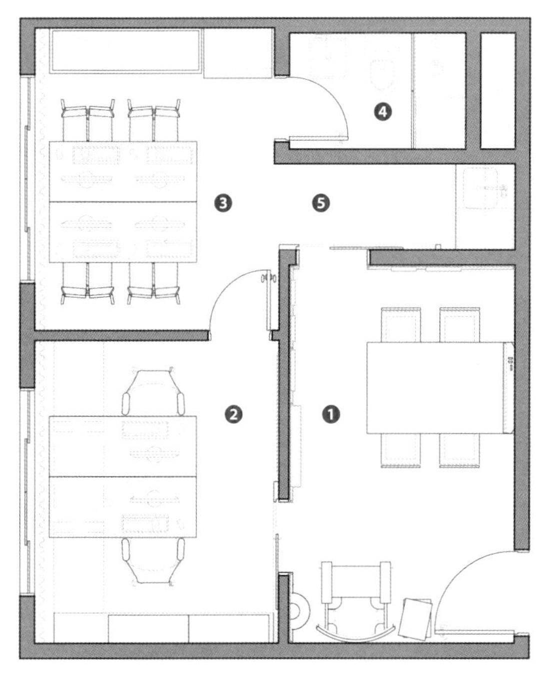

1 会议室 – 由家具设计师卡洛斯 · 莫特设计的瓜伊巴椅
– 由 1:1 建筑工作室设计的耐受钢桌
– 由家具设计师塞尔吉奥 · 罗德里格斯设计的阿斯帕斯扶手椅
– 由布勒 · 马克思设计的 Nanquin
2 设计室 – 由赫尔曼 · E. 米勒设计的萨伊椅
3 生产车间 – 由扎奈得 · 扎尼尼设计的缇斯椅
4 卫生间
5 餐厅

PLUSWINE

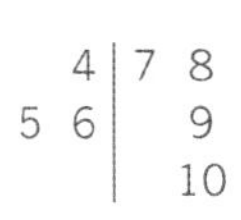
4 7 8
5 6 9
10

4 会议室与设计室相连
5 混凝土材料被广泛地应用到整个办公空间
6 由 1:1 建筑工作室设计的电灯泡
7 由布勒・马克思设计的 Nanquin
8-9 由 1:1 建筑工作室设计的耐受钢桌
10 由家具设计师卡洛斯・莫特设计的瓜伊巴椅。所有房间都是相连的

室内设计

Ruetemple 工作室，亚历山大 · 库季莫娃，达莉亚 · 布塔伊娜

项目名称

车库变身艺术工作室

委托方
私人客户

项目地点
俄罗斯联邦莫斯科
项目面积
35 平方米
完成时间
2014 年
摄影
Ruetemple 工作室

1 办公空间内的休闲娱乐区
2 木制框架

1 | 2

该项目由旧车库改造而来。车库在房子外边，主人决定将这部分空间交给他的女儿使用，他的女儿热爱绘画和建筑，需要一个像样的工作室。客户的主要要求是安排好工作区和休息区。

绘画和建筑创作都需要灵感。根据设计师自身的经验，室内设计可以直接影响到设计师的情绪，好的室内环境可以提高工作效率、激发创造力。因此，设计师决定打造一个拥有多个功能分区的宽敞明亮的空间。

1) 打开天花板，露出优美的梁架结构。

2) 然后通过一件家具设计划分出新的功能分区，包括一个搁物架、一张工作台、一组沙发和一张睡榻。

3) 创造性的工作需要多样性和视觉图像的刺激。因此设计师决定在窗边设计一张宽桌子来替代工作台，使用者可以坐在高高的酒吧凳上倚靠着它，眺望窗外花园的景色，获得灵感。

工作室的主人有很多作品，搁物架将会成为其得力的工具。一直延伸到墙边的搁物架有各种尺寸的架子，可以放置石膏头像、各种类型的工具以及各种尺寸的纸张和文件夹。

室内装饰所使用的材料只有三种：墙面上粗糙的条状木板、胶合板家具和镶木地板。

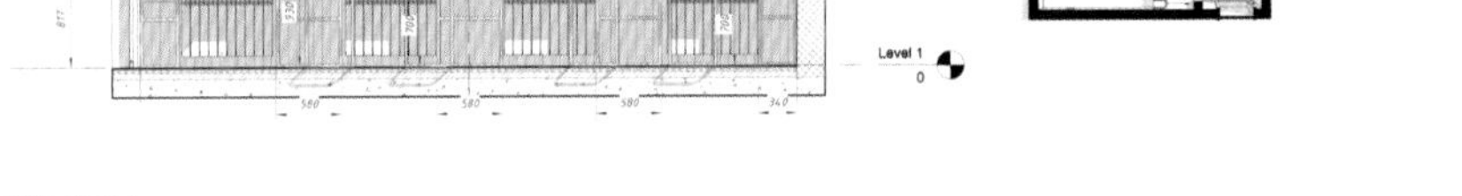

剖面图 1

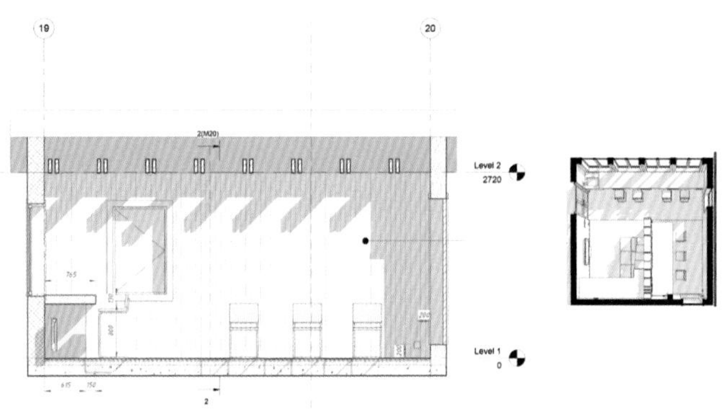

剖面图 2

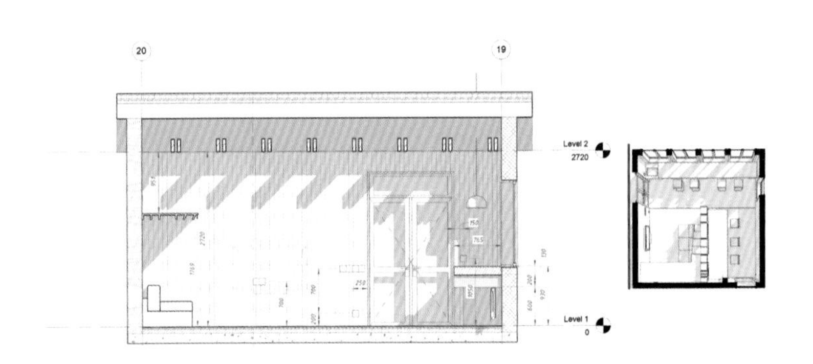

剖面图 3

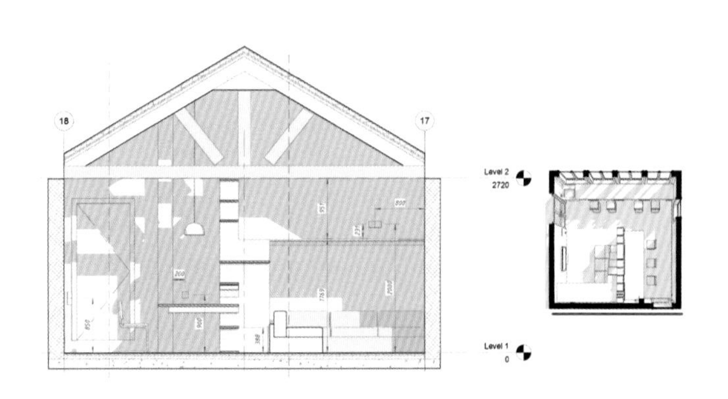

剖面图 4

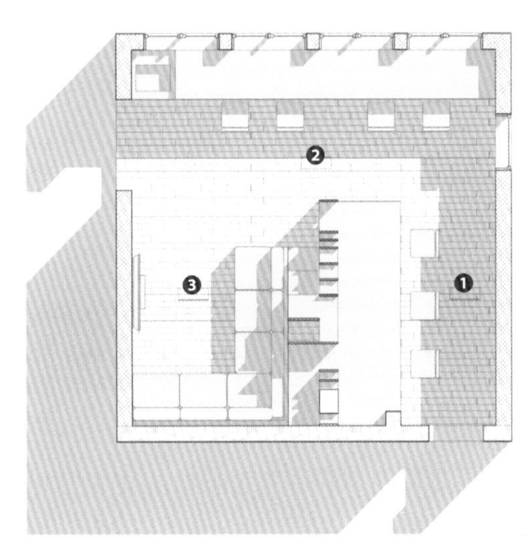

空间平面图

1 办公区 1
2 办公区 2
3 休闲娱乐区

3 舒适的休息区
4-6 从多个不同的角度观察办公空间

3 | 4 6
| 5

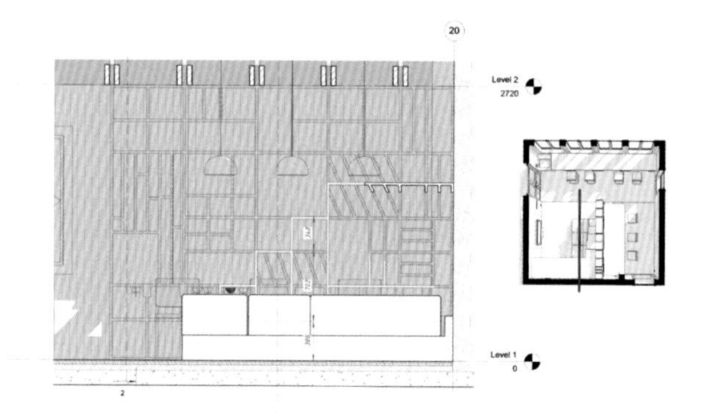

剖面图 5

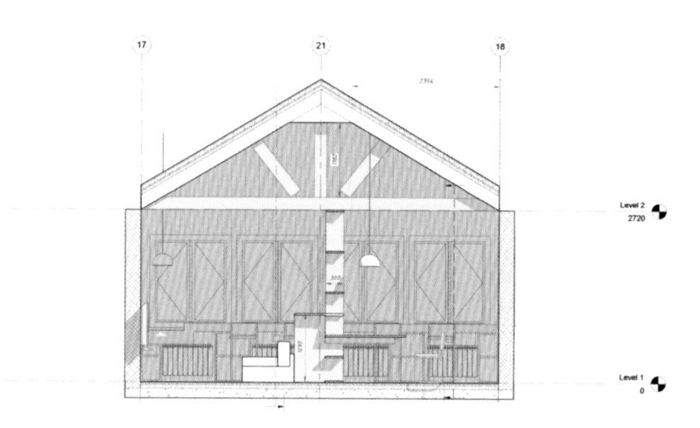

剖面图 6

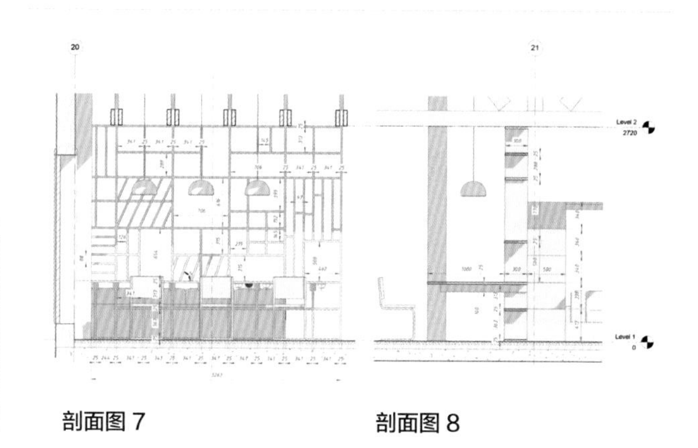

剖面图 7　　剖面图 8

7　办公区
8　木制框架细节图
9-11　办公空间的整体结构是木制框架

7 | 9 10
8 | 11

项目名称

BENCKI+ design 工作室

律师事务所 办公室设计

委托方

Oficinas 俱乐部

1 | 2 3

项目地点

波兰卡利什

项目面积

120 平方米

完成时间

2014 年

摄影

BENCKI+design 工作室

这家律师事务所的办公室位于波兰弗罗茨瓦夫地区卡利什郊区十九世纪初期的一座建筑内，这座建筑现位于市中心左侧。Wolności 大街（旧称 Józefiny 大街，以拿破仑妻子的名字命名）已经有两百多年的历史。玛丽亚・东布罗夫斯卡（波兰作家）曾在《夜与日》一书中将其命名为 Karoli ń ska 大街。

如今，这座建筑位于市中心的住宅和办公区内。受到技术条件的限制，设计师无法改变建筑内部的墙面设计。这个办公空间的总面积为 120 平方米，被划分成两个各具特色的空间，其中一个被设计成传统办公区，供律师办公使用。

办公空间内安装有现代风格的 LED 灯和可以彰显办公室品质的雕塑灯。其中一面墙上还贴有具有传统风格的黑白两色图案壁纸，余下区域则采用

具有现代风格的装潢。前台采用可丽耐材料（人造大理石）制成，并配有白色中密度纤维板制成的嵌入式文件柜。墙上的巨幅世界地图是该项目的粘合剂，将各个空间整合成一个和谐的整体。传统办公区内用钢化玻璃制成的弹簧门面向设有休息间、厨房设施和工位的另一空间敞开。BENCKI+design 工作室用玻璃墙将上述功能区分隔开来，在不封闭办公室的同时，让其他空间的人们也可使用功能区。BENCKI+design 工作室的首要任务是在两个空间之间打造一个和谐温馨的过渡空间。

1 办公室的墙面上喷涂有黑白两色图案
2-3 总经理办公室

4 5
6 7 | 8

4 休息区的座椅
5 接待区
6-7 办公区
8 温馨的厨房

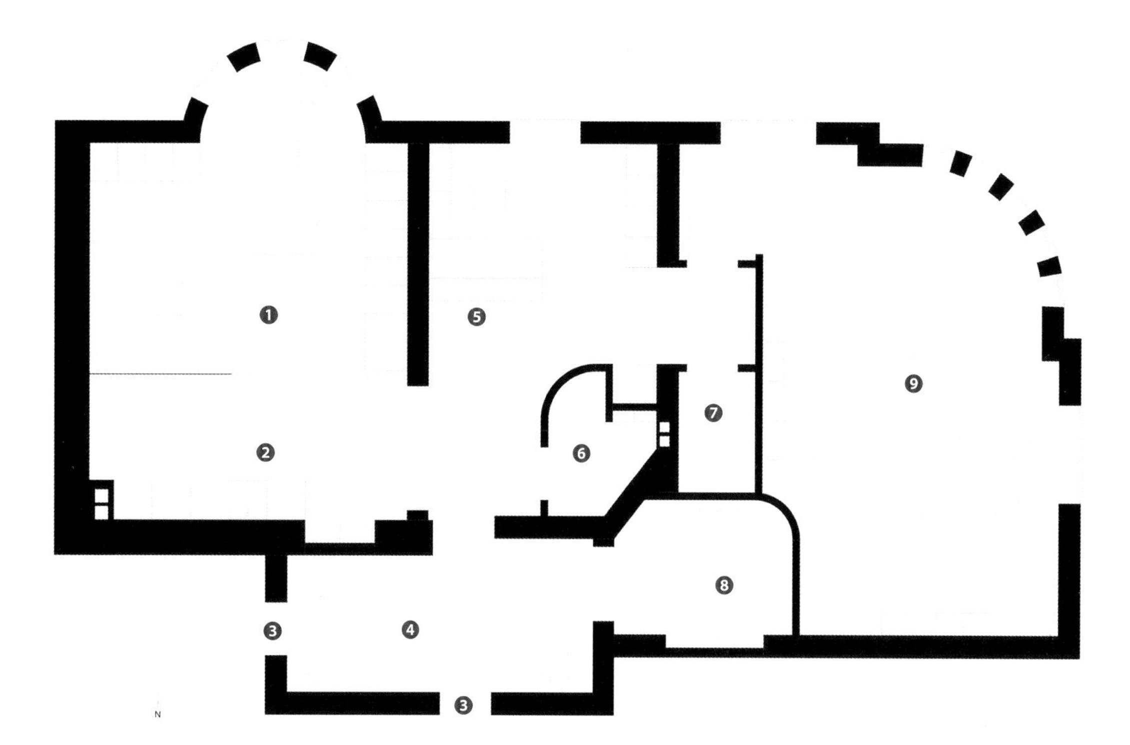

1:50

空间平面图

1 办公区
2 厨房
3 入口空间
4 大厅
5 接待区
6 卫生间
7 档案室
8 等候区
9 总经理办公室

项目名称

西尔维亚·斯特拉·加林贝蒂

罗马律师事务所办公室设计

委托方

罗马律师事务所办公室

项目地点

意大利罗马

项目面积

300 平方米

完成时间

2015 年

摄影

马尔科·希基洛内

1-2 会议室

这家律师事务所的办公室位于罗马普拉蒂区的一座建于1800年的古老建筑内。委托方希望拥有一个正规、专业又不失温馨、舒适的办公空间。因此，设计师为委托方打造了一个既可鼓励社交互动又能体现委托方对艺术之热爱的办公空间。

设计师将古典艺术、当代艺术和工业设计融入该项目的设计中，根据空间的多元化活动需要摆放不同类型的艺术品。

这个办公空间的总面积约为300平方米，封闭式空间和开放式空间穿插而置。受建筑施工类型的影响，平面图的结构较为规则。设计师尽可能地对 Graniglia 瓷砖地板和带有装饰图案的水泥天花板进行保留和修复。

墙面和家具的颜色为灰褐色和灰色，在细节处理方面，设计师还加入了橙色。橙色的装饰性元素与墙面和家具的色彩形成鲜明的对比，现代风格与古典风格产生强烈的碰撞。会议室是整个办公空间的核心

会议室剖面图

3 | 4
5 6

设计展示板

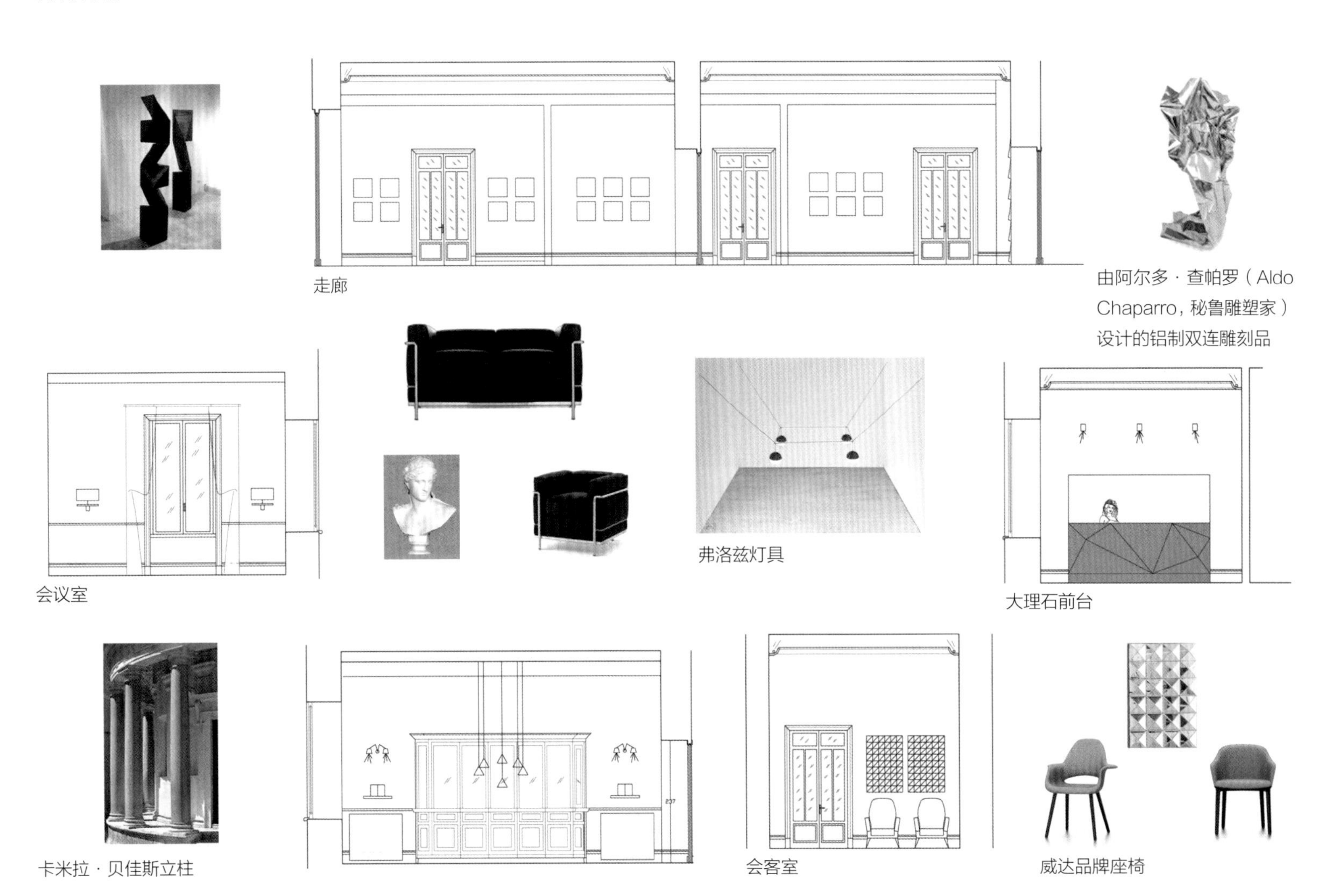
走廊
由阿尔多·查帕罗（Aldo Chaparro，秘鲁雕塑家）设计的铝制双连雕刻品
会议室
弗洛兹灯具
大理石前台
卡米拉·贝佳斯立柱
会客室
威达品牌座椅

所在。会议室中央设有直径 2.5 米长的圆桌，实现了传统与创新的平衡：雅典娜和安提诺乌斯的半身像与阿尔多・查帕罗设计的铝制双连雕刻品相对而置；带有装饰图案的水泥天花板与悬在空中的缆线和照明设施投射出的柔光相互作用；存放于书柜内的 17 世纪的珍贵古籍正在与无线设备展开对话。

设计师以漆木和大理石为主要材料对办公空间进行设计。前台采用珍贵的“普比斯”大理石定制而成，工匠用传统石材加工方法打造出钻石切割造型的前台。走廊的墙壁上挂有多幅罗马法学家的照片，走廊的尽头摆放有 Spazio Nuovo 美术馆提供的大型钢制雕塑。

3 用“普比斯”大理石制成的前台
4 摆放在会议室内的安提诺乌斯半身像复制品
5 由阿尔多・查帕罗设计的铝制双连雕刻品。失去硬度的钢材变得脆弱、易碎，设计师需要用自己的力量将各个组块拼接起来
6 雅典娜半身像复制品，设计师采用 Farrow & Ball 的涂料对墙面进行粉刷

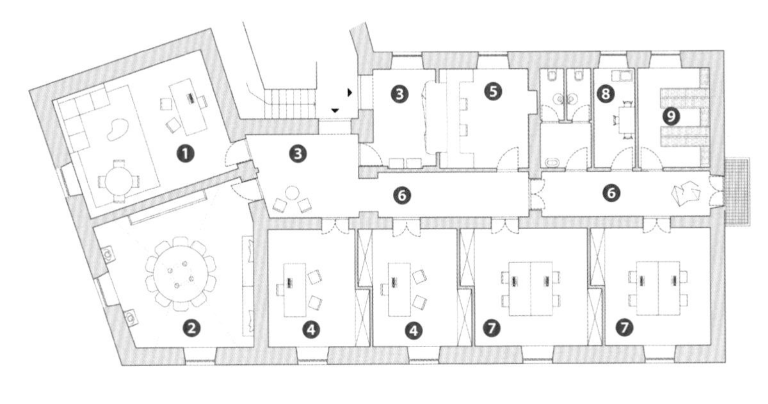

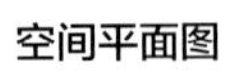

空间平面图

1 负责人办公室
2 会议室
3 会客室
4 助理办公室
5 接待台
6 走廊
7 办公室
8 厨房
9 档案室

7 负责人办公室
8 会议室的古老书柜内摆放着 17 世纪的珍贵古籍
9 走廊的墙壁上挂有多幅罗马法学家的照片，走廊的尽头摆放有 Spazio Nuovo 美术馆提供的大型钢制雕塑
10 在细节处理方面，设计师还加入了橙色，从橙色的窗帘绑带到橙色的装饰性元素再到 1889 年罗马司法宫殿的照片
11 整洁的线条和极简主义风格让设计元素更加夺目，多面镜面玻璃反射出多重光影

7 | 9
8 | 10 11

Design Haus Liberty 建筑事务所

AnalogFolk 广告公司办公室扩建项目

委托方
AnalogFolk 广告公司

项目地点
英国伦敦
项目面积
198 平方米
完成时间
2014 年
摄影
Design Haus Liberty 建筑事务所

1 办公空间接待区
2 开放式办公空间

Design Haus Liberty 建筑事务所负责对 AnalogFolk 广告公司的办公室进行扩建。这家广告公司位于东伦敦的一个创意园区内，地理位置优越，为这家快速发展的公司带来了极佳的发展机遇。办公室的扩建部分包括新的接待区、开放式酒吧、大型会议室和开放式办公区。

该项目的主要概念是通过照明设施在结构上将扩建部分与周围环境联系起来。扩建部分最深处安装有磨砂玻璃隔墙，隔墙上的公司标识昼夜发光，可以吸引人们的注意，对公司品牌进行宣传。

AnalogFolk 广告公司希望借助 Design Haus Liberty 建筑事务所的设计将公司风貌更好地呈现在客户面前。AnalogFolk 广告公司的目标是打造一家可以获取人们接收信息的传统方式的广告公司，同时也是一家使用新型数字信息技术的广告公司。建筑事务所的设计师明确了本次设计的目标，使用再生材料对 AnalogFolk 广告公司的办公室进行设计。定制项目包括一个用脚手架搭建而成的大型书架，书架后面是一个隐蔽的电话间。建筑事务所的设计师运用数字信息技术，如脚本语言和 3d 计算机程序，将旧玻璃瓶组合在一起，设计出一盏极具创意的吊灯。

事实上，家具设施也可以在一定程度上展现公司的风貌。AnalogFolk 广告公司是一家使用数字信息技术的互动广告公司。设计师将旧家具改造成外形独特的办公设施，新的照明装置使用简单的电线和灯具制成——运用数字信息技术打造一个更为有效的办公空间。该项目就如何用传统材料改造广告公司未来的办公环境进行了一次全新的尝试。

1|2

3 一楼大厅
4 接待台
5 通往二楼的楼梯
6-8 等候区

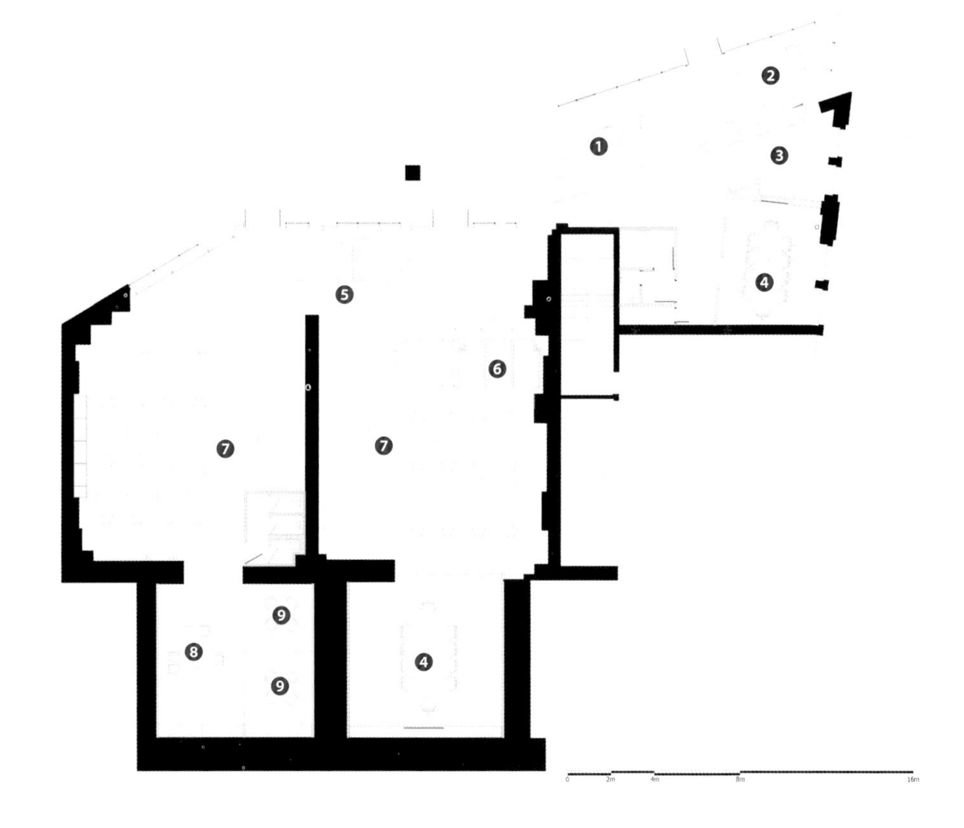

↘

底层平面图

1 接待区
2 等候区
3 咖啡间
4 会议室
5 休息区
6 公用电话间
7 开放式办公区
8 理论研讨区
9 会客室

3 4
5 6
7
8

9-10 会客室
11 等候区
12-13 会议室
14 开放式休息区
15 物品存放架

9 | 11 14
10 | 12 15
| 13

室内设计

Trifle Creative
室内设计公司

委托方
AEI 传媒公司

项目名称

AEI 传媒公司办公空间

项目地点
英国伦敦
项目面积
200 平方米
完成时间
2014 年
摄影
Trifle Creative 室内设计公司

英国伦敦传媒公司 Aei 委托 Trifle Creative 室内设计公司对其于 2014 年秋购买的办公空间进行设计。这是一项重大举措，AEI 传媒公司希望设计公司可以为其打造出一个可以展现公司个性和需求的办公空间。

办公空间原有的装修风格非常传统，首先映入眼帘的是几间独立的办公室、低垂的天花板和走廊上的临时厨房。这种办公空间无法满足现代媒体公司的需求，因此，AEI 传媒公司决定放弃原有的空间格局，聘请设计公司设计一个现代风格的办公空间。

设计师打开整体空间，创设出可以满足工作、会面、社交等需要的办公区；没有对混凝土天花板进行任何装饰，而是将重心放在提升室内温度和空间质感上；部分地面采用再生材料制成的木板铺设而成，增加整体空间的色彩，提高非办公区的采光质量。

现代家居风格的厨房 / 咖啡间将成为一个非正式的会议和社交空间。设计师设计了一个隐蔽而舒适的空间，其中还包括一扇通往混音录音室的暗门，可供音乐节目主持人进出使用。新的办公空间充满趣味、富有创意，可以很好地满足公司的业务需求和员工需求。

1 主办公区有一堵用可再生木料筑成的木墙
2 办公区裸露在外的混凝土天花板
3 入口空间的景象

↘

空间平面图

1 暖气片
2 隔墙
3 电视
4 会议室
5 等候区
6 财务 / 行政办公区
7 直播间
8 项目电台
9 实习生办公区
10 营销 / 设计办公室
11 媒体室
12 听音室
13 黑板墙
14 储物间
15 日光室
16 录音室
17 工艺品
18 自行车停放架
19 电力室 / 通讯室
20 卫生间
21 卫生间和淋浴室
22 早餐吧和食品储藏室
23 户外平台

4 会议室设有一张用可再生木料制成的会议桌
5 壁装式自行车停放架
6 趣味元素
7 厨房 / 咖啡间内有几张用可再生木料制成的桌子，并用彩色高脚椅进行装点

4 5 6 | 7 | 8 9 10

8 复古风格的私人办公室

9 听音室——设计师设计了一个隐蔽而舒适的空间，其中还包括一扇通往混音录音室的暗门，可供音乐节目主持人进出使用

10 听音室一角的座椅

奥达特·格拉泰罗，里卡多·罗贝里多

加拉加斯共享工作空间

委托方
加拉加斯共享工作空间

项目地点
委内瑞拉
项目面积
200 平方米
完成时间
2014 年
摄影
杰西·奥乔亚

在这个项目中，设计师至少要面对三个主要的挑战。挑战一，优化空间结构，让复杂的空间变得井然有序。挑战二，打造一个引人注目、令人印象深刻的办公空间。挑战三，用有限的预算实现所设计目标。

设计师决定将创新实验室、企业孵化器和办公室完美地融合在一起，为人们打造一个可以开展学习活动和创造活动的独特办公环境。加拉加斯共享工作空间是全球人际网、渠道网和项目网的一部分，可为社会发展带来积极的影响。

集整合、分隔、改变尺寸等功能于一体的多重组合隔墙将各个空间联系起来，人们可以在这里开展多种类型的活动。组合在一起的移动隔墙可以增加或减少相邻空间的面积，为

1

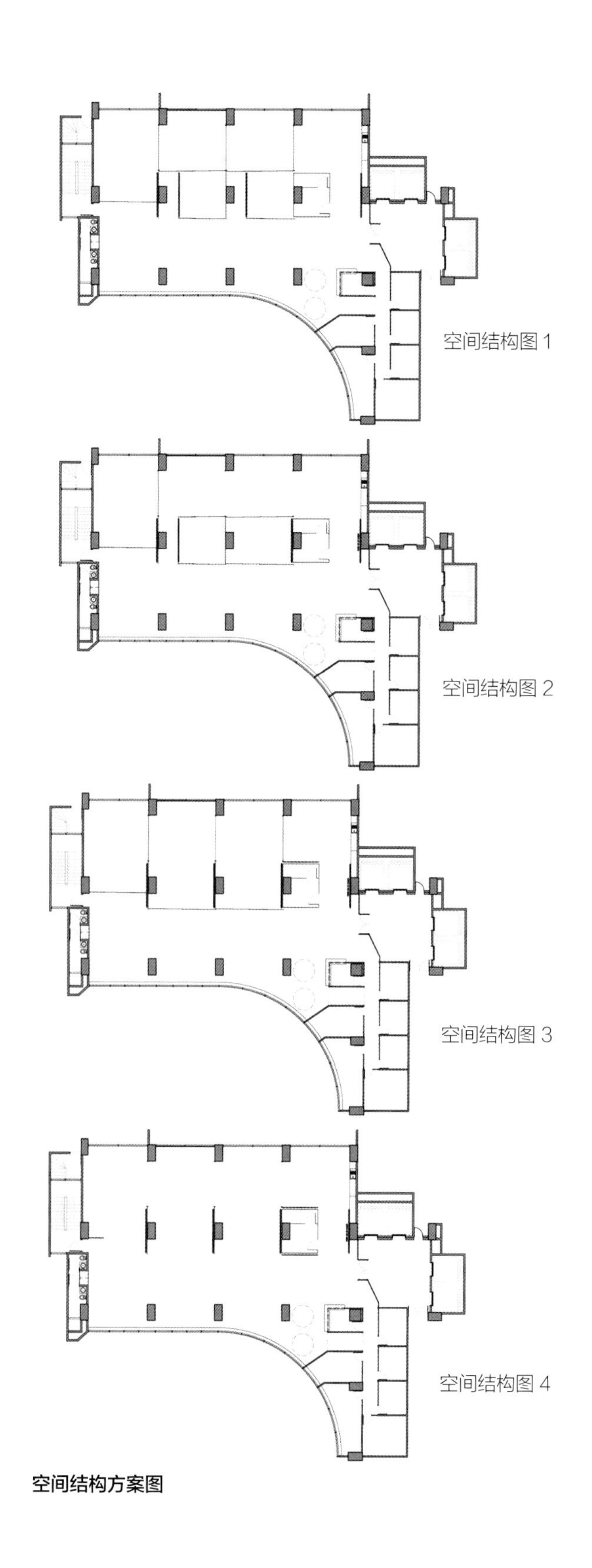

空间结构方案图

1 空间入口

空间增添新功能，将带有会议室的传统办公空间和教学研讨教室变成展示空间，可以用来举办演讲活动、时装秀活动、品酒活动、烹饪活动和室内音乐会等。因此，空间的实际面积是唯一一项可能限制空间功能发挥的因素。

“工厂”的概念激励着产业形态向前发展，功能性和美观性方面的设计灵活度也有所增强。这一概念善于对空间内的已有元素进行吸收或再利用，通过废旧材料的再利用优化投资结构减少环境影响。

关于这方面的例子有：将已拆除隔墙内的可回收钢管桩改造成灯具，选择未经加工的建筑板材进行铺装。除地板漆之外，无需选择其他装饰材料。此外，设计师还对原有管道系统进行改造和再利用，拆除没有必要的分支或部分，提高管道系统的运作效率。这样一来便可减少冷却装置的运行时间，进而减少能量消耗、延长预安装设备的使用寿命。

2 | 3 | 4

2 地板和玻璃上的图形
3 多功能空间内的潘通椅
4 办公空间全景图

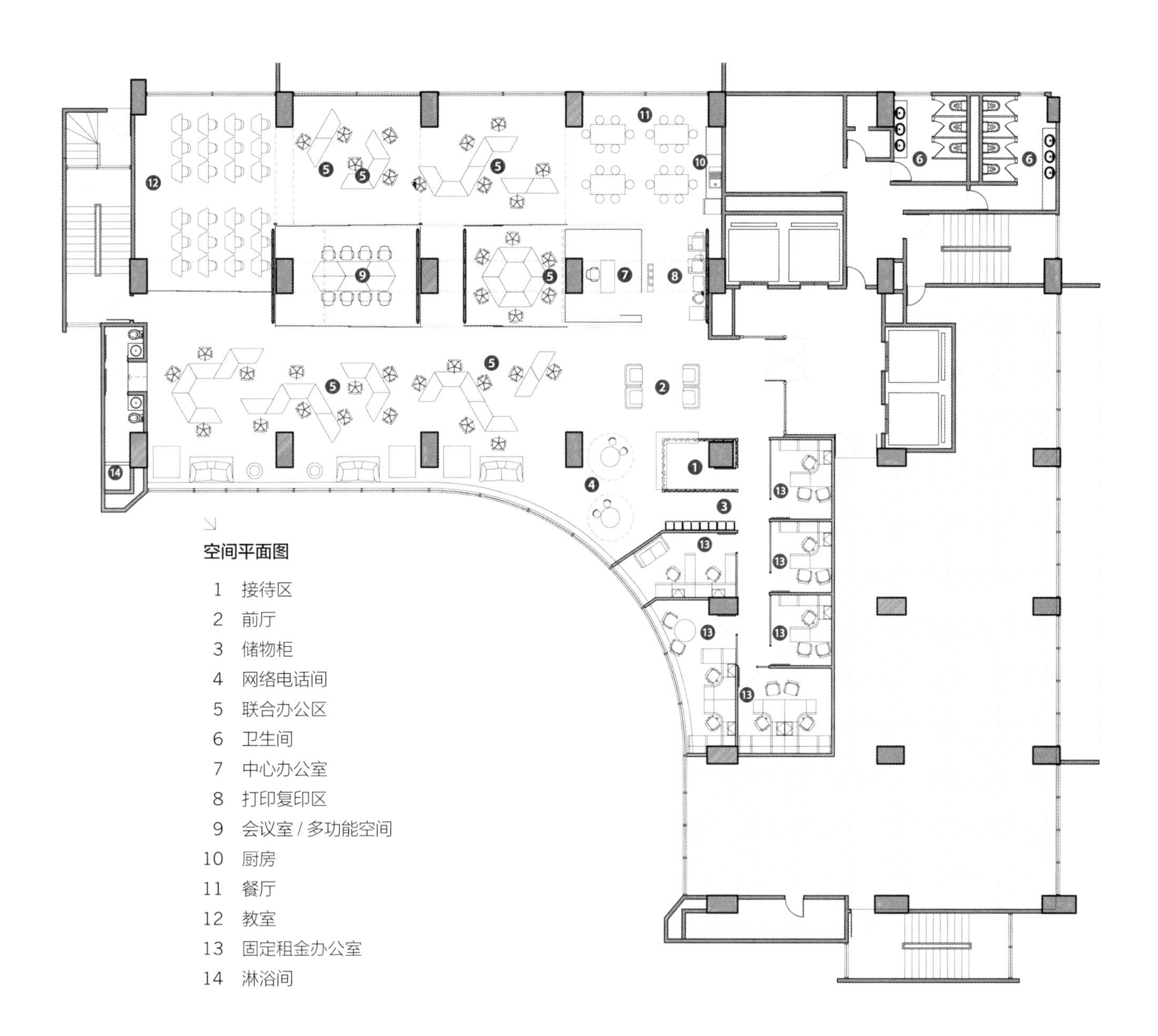

空间平面图

1 接待区
2 前厅
3 储物柜
4 网络电话间
5 联合办公区
6 卫生间
7 中心办公室
8 打印复印区
9 会议室 / 多功能空间
10 厨房
11 餐厅
12 教室
13 固定租金办公室
14 淋浴间

5|7
6|8 9

5 多功能空间内的座椅旁摆设有大型盆栽植物
6 会议室内的不规则五边形会议桌
7 木制线缆桌
8 电梯走廊上的粉笔画是罗伯托·韦伊绘制的
9 办公空间内的整体照明设施

室内设计

SUPPOSE DESIGN
建筑设计事务所

委托方
SUPPOSE DESIGN 建筑设计事务所

项目名称

SUPPOSE DESIGN 建筑设计事务所东京办公室

项目地点
东京涩谷区
项目面积
65 平方米
完成时间
2014 年
摄影
矢野智之

SUPPOSE DESIGN 建筑设计事务所的设计师一直在寻找一种建筑设计的新理念。他们计划打造一间新办公室，并在不同于往日的材料一览表中选出一些常用材料。有人已经对一览表中的材料进行了设计，选用其中的材料意味着借鉴其中的设计。如果设计人员可以通过重新考虑空间设计材料开创一种全新的空间设计理念，那么新的空间设计方案便可在这个过程中自然成形。

设计人员自行拆除了项目场地内的结构，并设计了一些合理的拆除方式。拆除环节是空间再造过程的一部分，这个环节可以使人们在新的空间内感知过去的存在。此外，设计人员还为该项目添置了新材料，力求打造一个新老元素共存的空间。这里将成为一个兼具怀旧感与新鲜感的办公空间，这也是设计人员始终秉持的设计理念。

办公室入口处的柜台将用来招待到访办公室的客人。这里将修设一个咖啡间或是酒吧间，有专门的咖啡师或调酒师为人们调制咖啡或是鸡尾酒。这个办公空间不仅可以作为建筑设计工作室使用，还拥有一个不定期售卖多种商品的商店。办公空间面向社会开放，这意味着客户、施工人员、工程师、销售人员、项目有关人员和附近居民均可进出这个办公空间。

设计人员希望通过重新考虑办公空间结构、更新办公空间内的“硬件”和“软件”打造一个创新型办公空间，使其与社会紧密地联系起来。

1/2

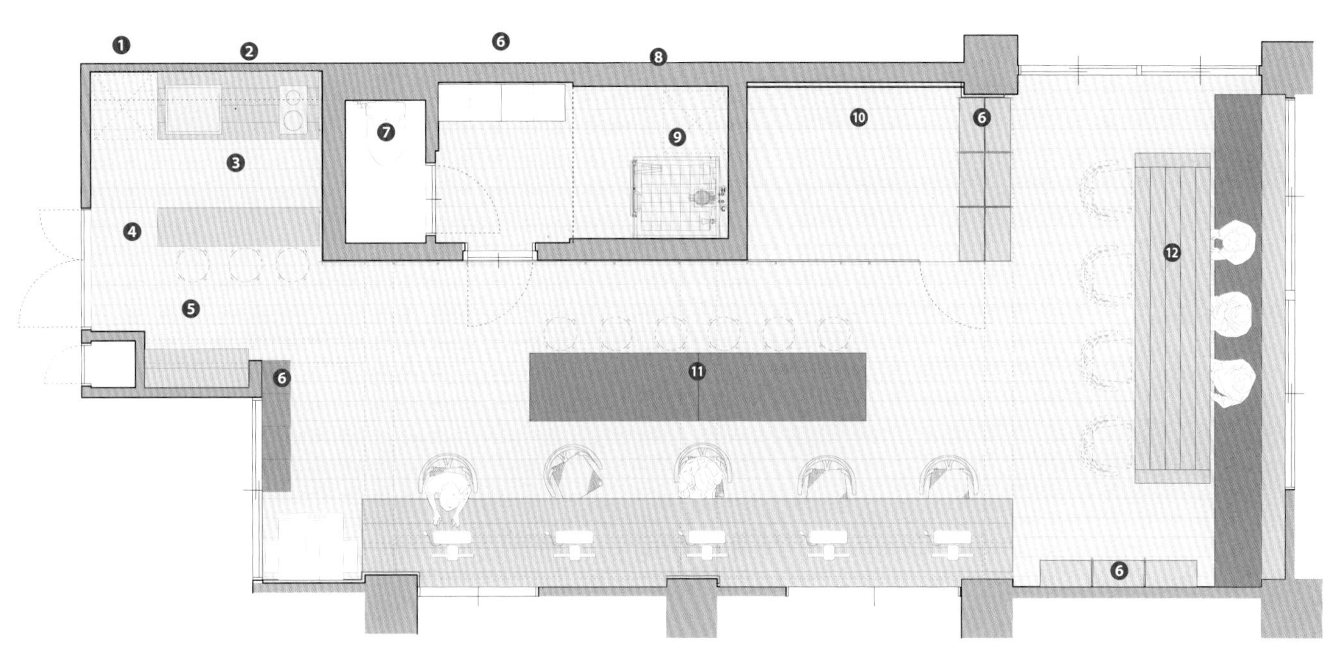

空间平面图

1 冰箱
2 厨房
3 吧台
4 门廊
5 鞋架
6 书架
7 卫生间
8 洗衣间
9 淋浴间
10 储物间
11 办公区
12 会议室

1 休息区
2 办公区

3 中央空间用来设置公共设施和储物间
4 横梁设计（非结构元素）与照明规划相结合
5 钢结构与原有的混凝土墙相结合
6 会客区
7 墙面由喷涂有铜质漆的钢材制成
8 从入口空间望向办公空间
9 厨房 / 酒吧间

3 | 6 8
4 5 | 7 9

项目名称

ARRO 工作室

Clarks Originals 设计工作室

Clarks Originals 来源于享誉百年的英国经典制鞋品牌 Clarks，由 Clarks 家族第四代成员内森·克拉克始创。法国巴黎的 ARRO 工作室对英国萨默塞特郡的一间 300 平方米的仓库进行了改造，为该鞋履品牌打造出全新的设计总部。该项目对多个区域的概念和办公桌、会议桌、手推储物箱、货架、鞋墙、衣柜等家具的设计进行了整合。

这个办公空间的主要理念是鼓励设计师、开发人员和产品经理之间的创作和优化交流，在解决挑战的同时，向鞋履的设计渊源致敬。

委托方
Clarks Originals 设计工作室

项目地点
英国萨默塞特郡
项目面积
300 平方米
完成时间
2015 年
摄影
ARRO 工作室

作为 Clarks 于 1825 年在萨默塞特郡创建的第一个产业场所的一部分，这一历史悠久的空间曾是一间制鞋工厂。在此项目中，ARRO 设计团队将整体空间划分成 5 个不同的区域，每个区域都有各自明确的用途，相互融合，共同构成整体空间。

作为办公空间的关键要素，一张 8 米长的特色悬空长桌与已有的钢筋互穿网格梁粘合到一起，创建出一个中心连接点，让团队成员能够坐在一起交流和工作。

1 |

ARRO 设计团队将现代工厂这一特征呈现在他们的设计中，它象征着设计师对历史悠久的 C & J Clarks 周边建筑引人注目的特点的重新解读。这个“现代工厂”既保留了老鞋厂的三角屋顶、中央砌砖烟囱这些复古工业元素，还包含有一个总监办公室，一个储物间和一个大型会议室。

得益于旧工厂原有的大型窗户，这个办公空间拥有非常充足的采光，这也是开放式工作环境的主要成因。连接到天花梁上的大张软木板被整合到一起，并可按需旋转和移动，不仅强化了整体空间的多功能性，同时也能够让员工按照个人意愿重组他们的工作环境。

在办公空间的另一端，ARRO 设计团队打造了一个特别的功能区——“鞋子墙”，用来展示鞋类设计，并安装有可以按动的把手，将墙面变成巨大的壁橱，存放鞋类的同时尽可能地保持样品测试的简易性和合理性。

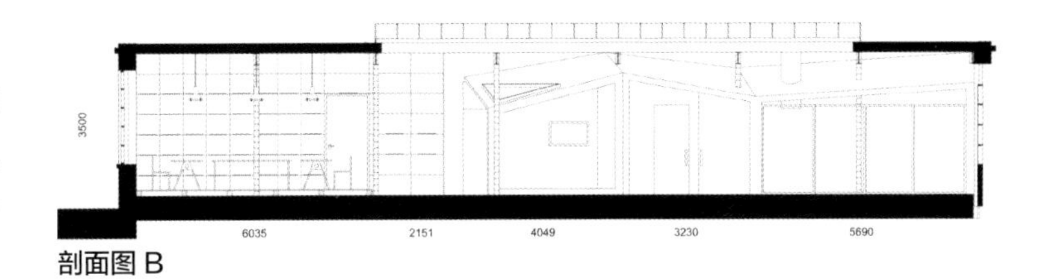

剖面图 B

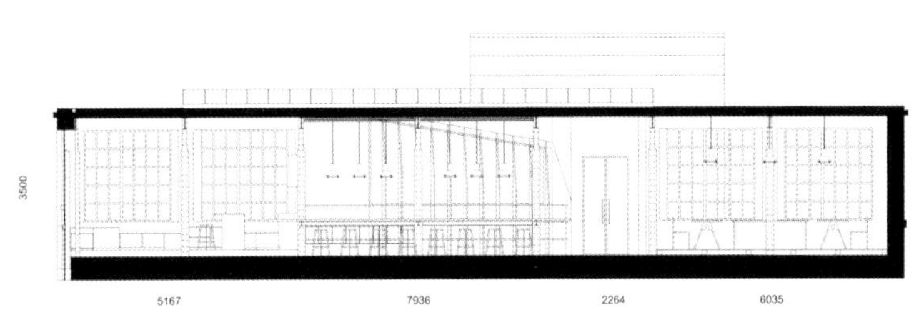

剖面图 A

1 Clarks Originals 工作室的全景图

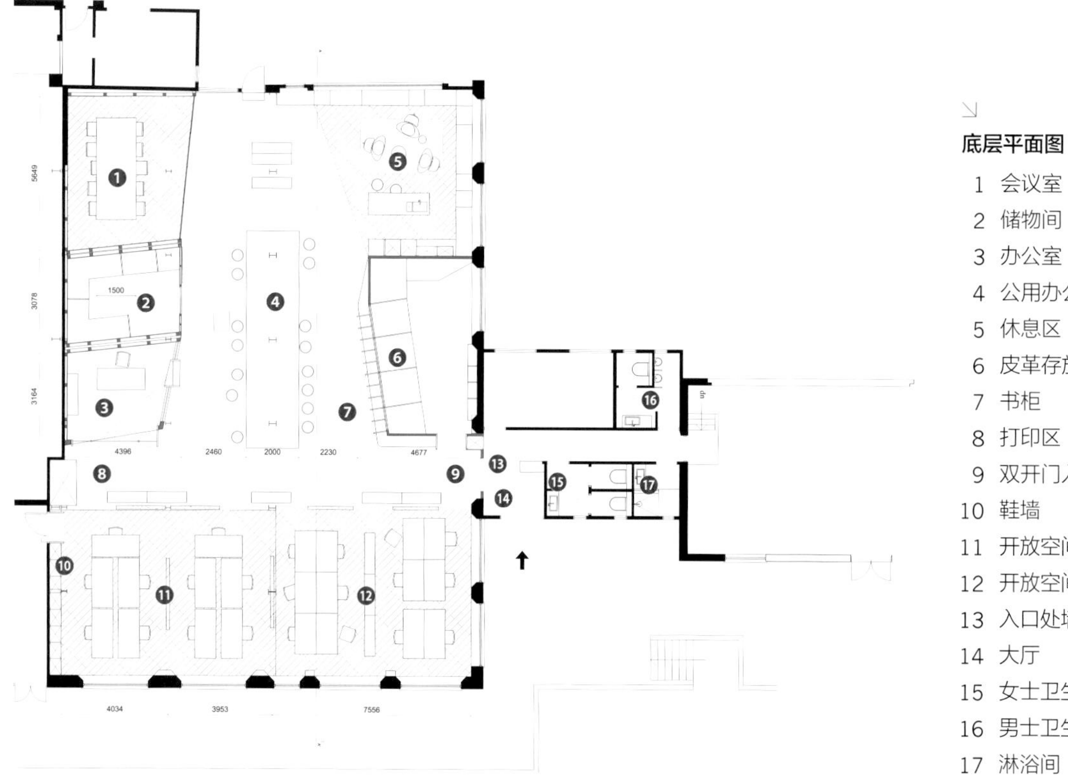

↘

底层平面图

1 会议室
2 储物间
3 办公室
4 公用办公桌 / 会议桌
5 休息区
6 皮革存放室
7 书柜
8 打印区
9 双开门入口
10 鞋墙
11 开放空间
12 开放空间
13 入口处墙壁
14 大厅
15 女士卫生间
16 男士卫生间
17 淋浴间

被书架包围的储物间是一个封闭的设施，书架与办公空间形成连续性，面向办公空间中央的悬空工作平台。

部分壁橱采用透明的玻璃板制成。特有的照明系统更是突出了玻璃壁橱多变的外形和特征。

休息区位于储存间的另一侧，这里被设计成一个激发灵感和放松心情的天地。在大型窗户周围的休息区内设有小型厨房、酒吧和角落处的大型储存系统，还有一盏 ARRO 设计团队为这个项目特别设计的巨型吊灯。

ARRO 设计团队将这个办公环境构思成一座连接创作、聚集、会议、演示和灵感时刻的桥梁，而这些正是 Clarks Originals 进行创新设计的关键。

2 现代工厂办公室
3 开放空间内的景象

2 | 3

4 休息区
5 皮革存放室
6-7 会议室
8 细节图——悬空工作台

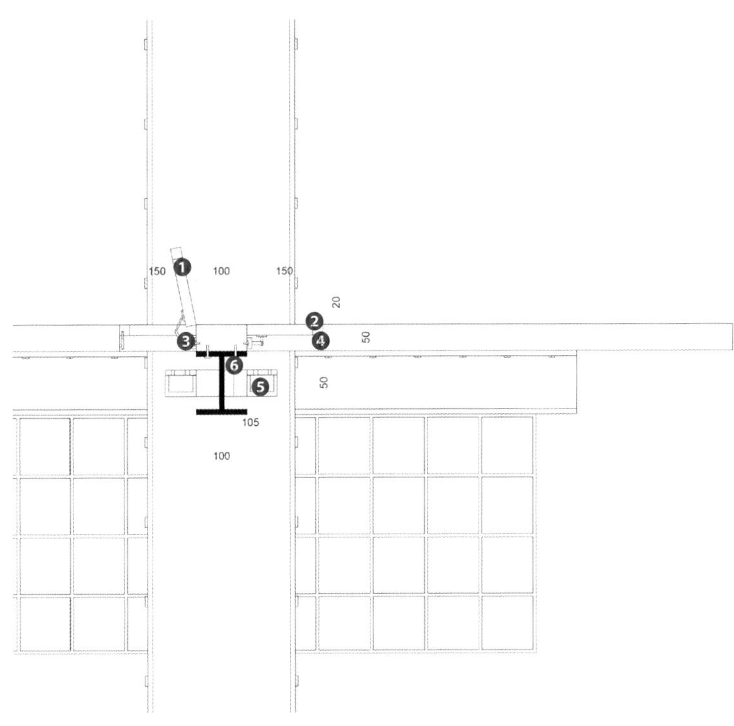

↘

工作台细节图

1 将固定木板掏空后放入多个电源插座
2 留出直径 20 毫米的开口穿插电脑等设备的线缆
3 用来打开小搁板的深处支杆铰链
4 用来打开小搁板的推送系统
5 镶嵌在水平横梁上的多个电源插座
6 将桌面用螺丝固定在水平横梁上

4 | 6
5 | 7 8

9 | 12
10 11 | 13 14

9 现代工厂风格办公空间内的办公区
10-11 用来存放鞋子的壁橱
12 窗边的办公桌
13 办公室隔墙
14 屋顶灯

室内设计

Zemberek
Design 事务所

项目名称

Vigoss 研发工作室

委托方

Vigoss 纺织公司

项目地点

土耳其伊斯坦布尔

项目面积

250 平方米

完成时间

2014 年

摄影

萨法克 · 埃姆雷恩斯

1 | 3
2 |

1 从入口空间望向前厅
2 陈列柜和办公区
3 上下交错的公共平台

这是一家纺织公司总部的牛仔研发工作室。该项目的设计理念是建立 R & D 研发人员、产品、配件和材料之间的紧密联系。

设计团队对普通场景中的行走、坐立和工作状态进行观察，发现常规的工作场景束缚了研发工作室功能的发挥。

因此，设计师决定设计一个灵活动感的整体办公空间，而非局限在某个有限的空间。设计团队提出了一个大胆的概念构想，用一个无限延展的公共平台取代传统的办公桌，因为办公桌的尺寸会限制可用空间的尺寸和人们的行为状态。

设计师设计这个研发工作室的目的是为了解放人们办公时的一贯坐姿，让他们以更加饱满的热情投入到工作中。研发人员可以在空间内自由行走、坐立、工作、开个小会、评估产品（靠近衣架，观察牛仔布、面料和配件等产品），而不是被限定在某个活动区域内，这将在很大程度上丰富研发人员之间及研发人员与空间之间的互动方式，让互动方式变得多样化。

80 厘米高的流线型公共平台，上下交错随意分为不同的高度阶梯，并转化成无边界的分隔区域。流畅的曲线和灵活的运动可以提高研发人员的工作效率，材料配色的选择也使产品变得更加突出，方便研发人员评估产品。为了进一步提高照明效果，设计师采用了多种人工照明和自然光照设计，营造出一个宁静舒适、极具工业感的办公环境。

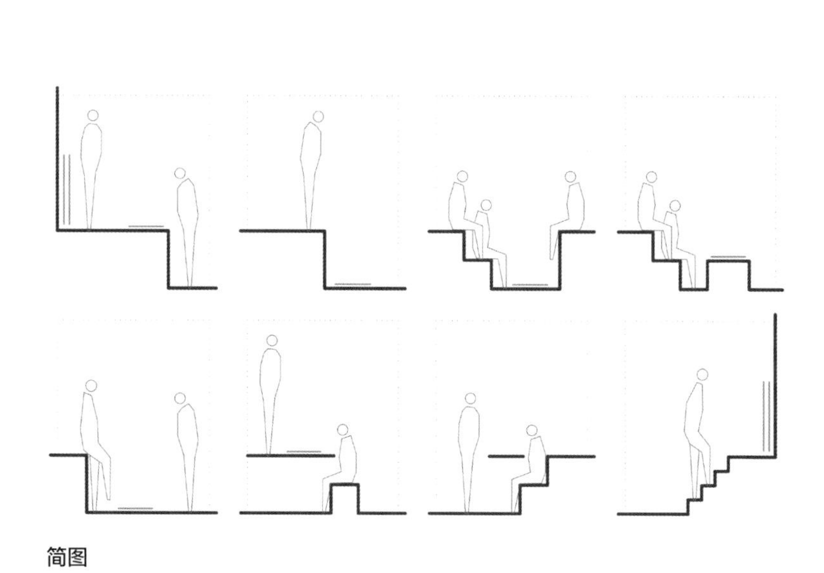

简图

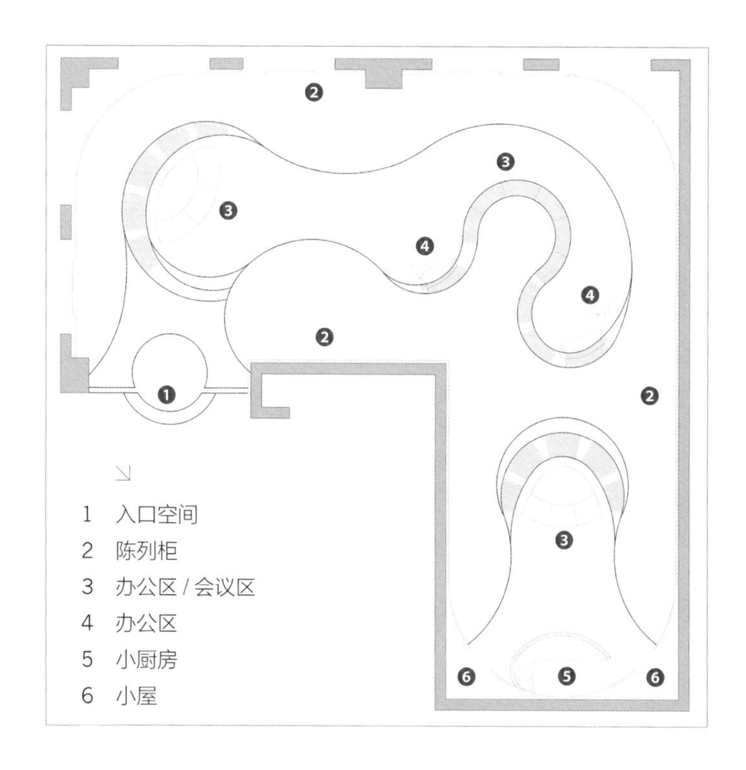

4 从小厨房望向办公区 / 会议区
5 陈列柜
6 会议区
7 研发人员可以在空间内自由行走
8 研发人员之间和研发人员与空间之间的互动

4 | 5 7
  | 6 8

9 | 12
10 | 13 14
11 |

9 研发人员之间和研发人员与空间之间的互动
10 会议区
11 作品展示区

12 研发人员之间和研发人员与空间之间的互动
13-14 储物柜

室内设计

曼努埃拉 · 托尼奥利

项目名称

Portuense 201 创意园区办公空间

委托方

私人客户

项目地点

意大利罗马

项目面积

550 平方米（共 10 间办公室）

完成时间

2014 年

摄影

曼努埃拉 · 托尼奥利

1
2 | 3

Portuense 201 是一个文化创意园区，位于罗马前工业区，特拉斯提弗列火车站后身。自项目完工以来，多家公司陆续在此落户，其中便有曼努埃拉·托尼奥利的工作室 Label 201。

从 1950 年开始，这片区域一直被用作牛奶生产销售基地使用。近些年来，这里陆续开设了几家铁匠铺和木匠铺，随后便逐渐被废弃。

这片区域当前的所有者最后决定，在保留原有建筑的基础上，对这里进行彻底翻修，将这片区域改造成一个新兴文化创意园区。这里如今驻扎着多家画廊工作室、建筑设计工作室和视听电影制作公司。

修复和保护是该项目的两大关键词。设计师将先前的马厩改造成 Label 201 工作室，一家画廊兼建筑事务所工作室。

设计师保留了原有的空间结构和布满时间印记的墙面，用灰色树脂层和全玻璃门等现代材料对各个空间进行翻修。

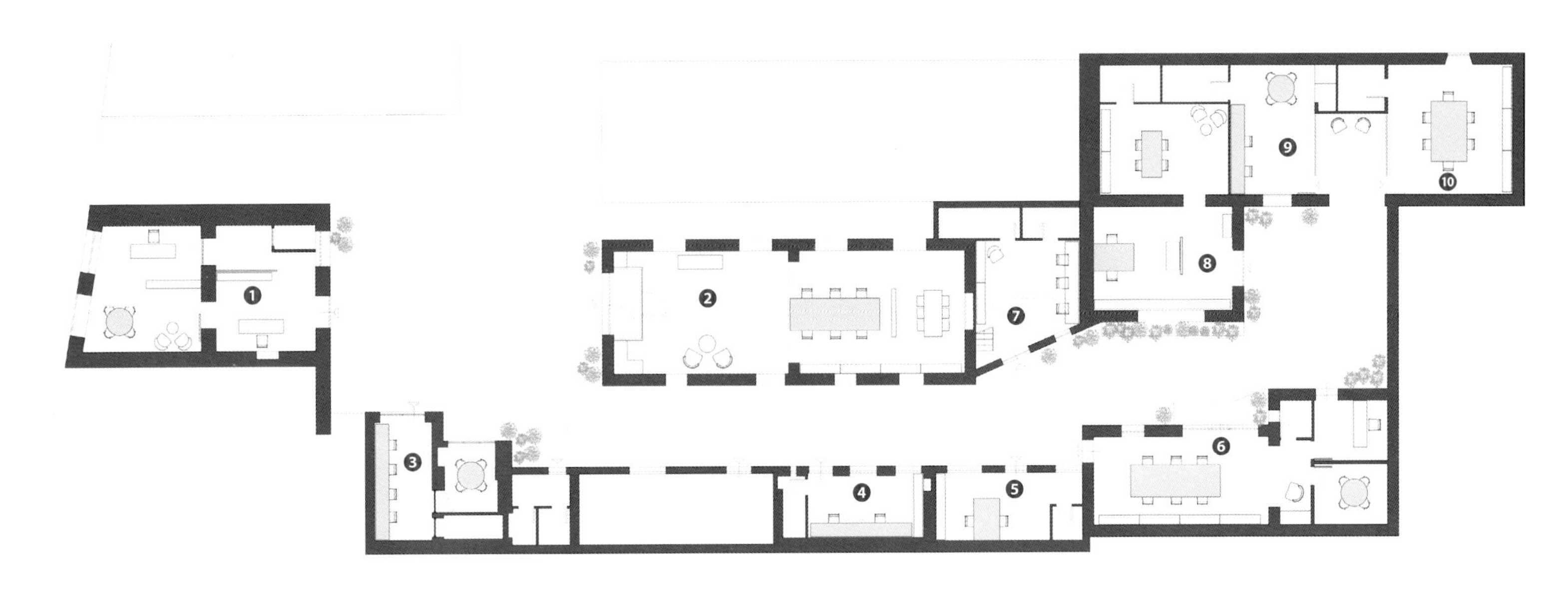

↘
空间平面图

1 1号办公室
- 茶水间
- 卫生间
- 入口
- 庭院

2 2号办公室 Label 201 工作室
- 入口
- 休闲娱乐区
- 办公区
- 会议室
- 庭院

3 3号办公室
- 入口
- 会议室
- 卫生间

4 4号办公室
- 入口
- 卫生间

5 5号办公室
- 入口
- 卫生间

6 6号办公室
- 办公区
- 卫生间
- 办公室

7 7号办公室
- 入口
- 卫生间

8 8号办公室
- 卫生间
- 会议室
- 办公区
- 庭院

9 9号办公室
- 入口
- 卫生间
- 休闲娱乐区

10 10号办公室

1 Portuense 201 外部景象
2 办公室 8 内部景象
3 Portuense 201 外部景象

5
4 | 6 7

4 7号工作室的内部景象
5 Label 201 工作室的内部景象
6 8号工作室的内部景象
7 6号工作室的内部景象

8 9 | 11
10 | 12 13 14

8　6 号工作室的内部景象
9　1 号工作室的内部景象
10　Label 201 工作室的内部景象

11　1 号工作室的内部景象
12-13　1 号工作室细节图
14　Label 201 工作室的入口

室内设计

安娜·柴卡设计工作室

项目名称

创意阁楼办公空间

委托方

亚历克斯·韦鲁汀

项目地点

乌克兰基辅

项目面积

90 平方米

完成时间

2016 年

摄影

安娜·柴卡设计工作室

这一专门为某创意团队打造的办公空间位于 Nivki 公园和美国使馆旁的一座 25 层高的建筑内。这是一个用天然材料、木材、胶合板、陶瓷、金属、硬纸板、皮革和玻璃隔板打造而成的办公空间。

这个现代化的新型办公空间是为那些创意人士打造的，他们需要一个可以激发灵感的办公环境，这里的布局和设计便可满足创意团队的办公和休闲需求。

设计师安娜·柴卡开发出所选材料的新用途，将硬纸板设计成管状结构，并将灯泡固定在悬于天花板之上的管状结构内。

该项目的设计灵感来源于窗外的风景。站在市中心 25 层高建筑的窗边，人们可以呼吸到新鲜的空气，俯瞰到大型公园的全景，感受大自然给他们带来的自由之感和无限力量。

1 | 2

设计师安娜的父亲是一位画家。受父亲的影响，安娜自幼开始习画。安娜说：“我继承了父亲的基因，但这对我想清楚未来会从事什么这个问题上并未起到特别的作用。我是一名设计师，为那些可以带来美感的设计而生。信任、相互理解、尊重和友情是我取得成功的关键。”

1 办公区
2 休息区

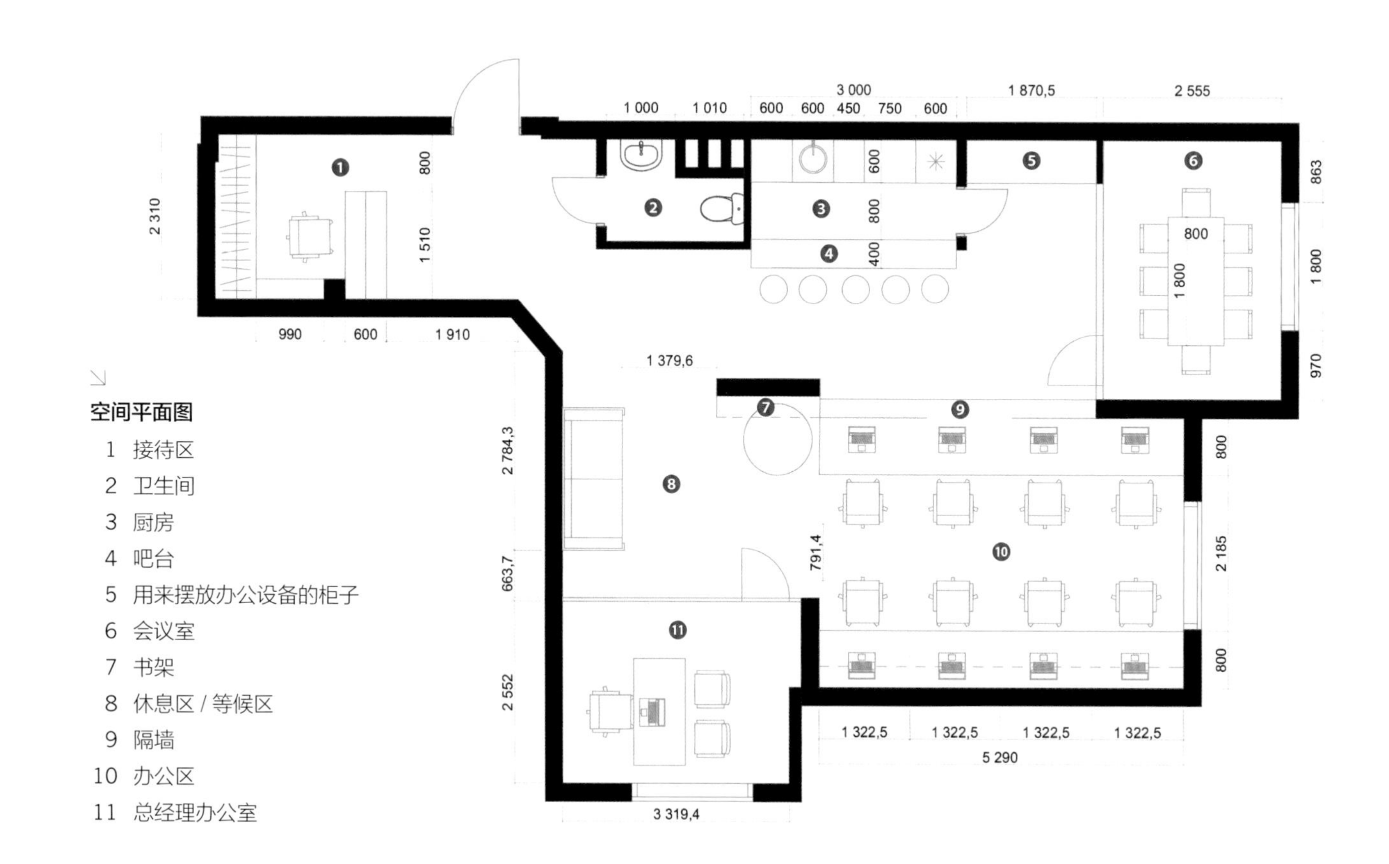

空间平面图

1 接待区
2 卫生间
3 厨房
4 吧台
5 用来摆放办公设备的柜子
6 会议室
7 书架
8 休息区 / 等候区
9 隔墙
10 办公区
11 总经理办公室

3 吧台
4 带有吧台的厨房
5-7 会议室

3 | 4
5
| 6 7

8-9 接待区
10 休息区
11-12 卫生间

8 | 10
9 | 11 12

室内设计

exexe 工作室 一 利贾 · 克拉叶芙丝卡，雅各布 · 普斯特隆斯

项目名称

华沙 Centor 展厅

委托方
Centor 展厅

项目地点
波兰华沙
项目面积
200 平方米
完成时间
2015 年
摄影
雅各布 · 塞托维奇

由exexe工作室设计的华沙Centor展厅是一个多功能空间，可供工作室的成员们举办多种活动使用。设计师希望打造一个可以激发员工创造力的雅致美观的办公环境。此外，这里也是一个极佳的商务会谈空间，以一种巧妙的方式对 Centor 公司的产品进行展示。

三面折叠墙将矩形室内空间划分成几个独立的空间，其中两个空间被用作产品展示区使用。隔墙将这里进一步细分成几个连续的小型空间，每个空间都有不同的用途，分别为：入口空间、休闲区、花园、接待处、通往夹层的楼梯、办公室和会议室、厨房和卫生间。由于这里是门业公司的产品陈列室，Centor 公司的产品自始至终占有主角地位。四扇 Centor 门与折叠墙可以起到分隔和连接室内外空间的作用。

所有新增墙面均负有不同的饰面，以相反的两面展现内部和外部的特色。Centor 门的铝制框架表面多覆有一层木料，这也体现了贯穿于办公空间设计的简单原则。设计师对所选材料进行设计，这样做不仅使得展厅各区域看上去别具一格，还为 Centor 公司带来了更多的订购单。

入口空间设置有舒适的家具，让访客在踏进门的瞬间便可感受到家一般的温馨氛围。继续往前走来到展厅的核心区，是一个小型的室内花园兼主要产品展示区。三个可移动的花坛有利于在短时间内对这个非正式聚集场所及其展示的产品进行重新布置。这个绿色空间后面便是接待处服务台，这种有意的布局方式是为了在公司员工和顾客之间形成一种视觉上的联系。从这处绿色空间可以清楚地看到接待处服务台，这样有意的布局方式是为了在公司员工和顾客之间形成一种视觉上的联系。服务台本身也是另一种在视觉上联系了其他所有元素的定制构件。桌子有独特的双平面设计，一端为电脑工作区，另一端则用于站立的交流沟通。接待处上方是一大扇可以看到夹层空间的窗户。通过左侧白色的楼梯可以到达公司技术部分的夹层区。尽管这里比其他空间更为私密，但是玻璃窗的设置将它与整体空间很好的联系在一起。办公室和会议室旁设有厨房和卫生间。

展台 2 所用的黑漆胶合板更是突显出办公空间的雅致风格。办公空间内放置有定制的文件柜和黑色 T 型会议桌，会议桌和办公椅一同构成了具有双重功能的迷你家具系列。

1/2

1 办公区内的工作台
2 从上层空间俯瞰展台 1 的布局

3 | 4 6
5

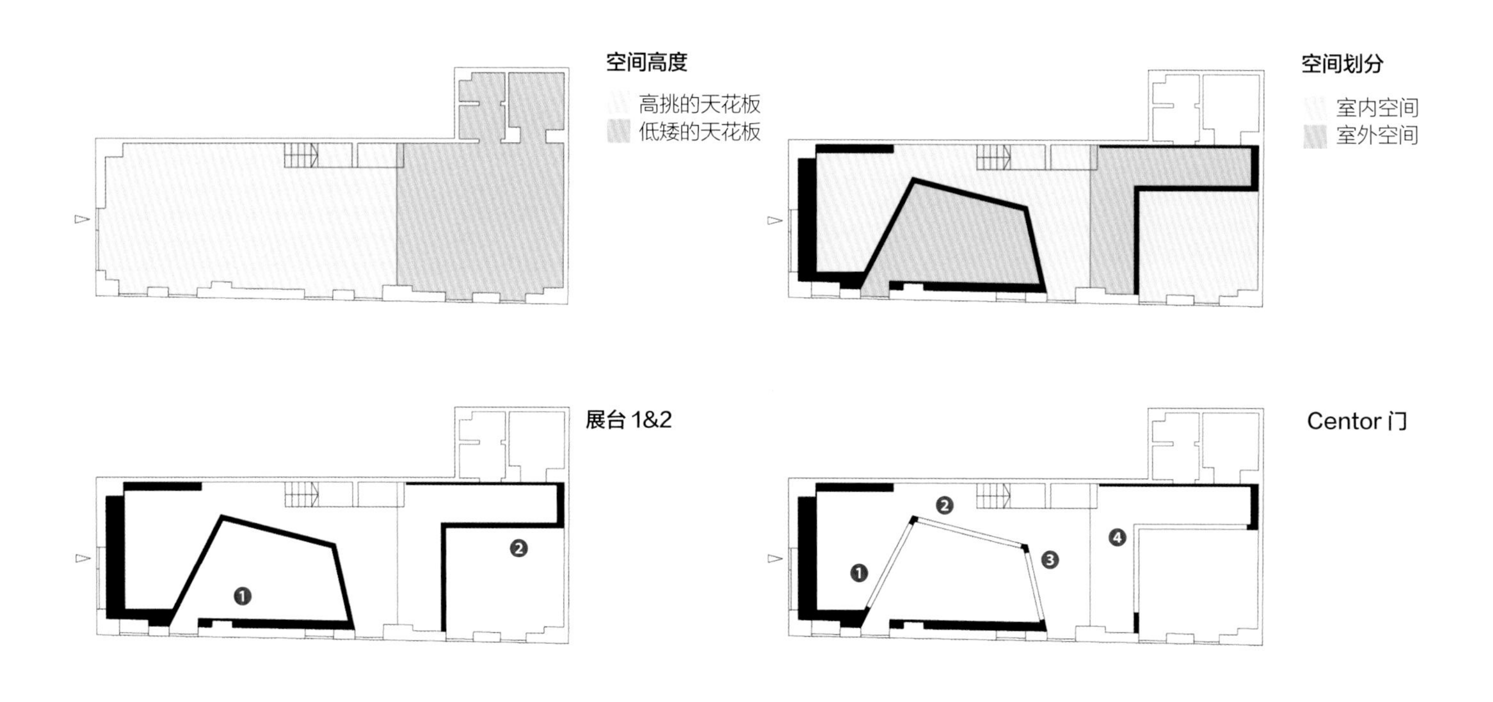

3 工作台
4 入口空间旁的休息区
5 工作台
6 T 型桌

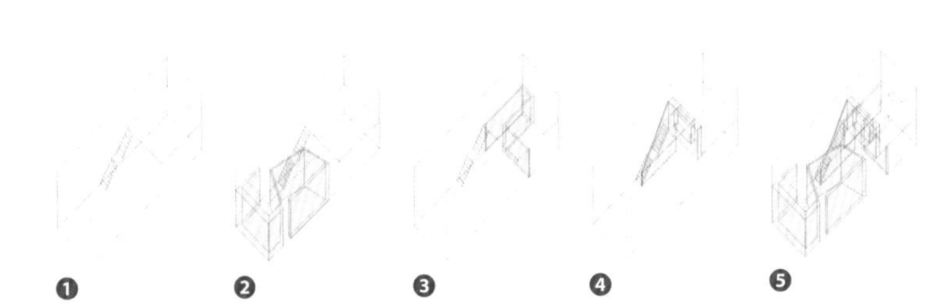

1 已有空间
2 展台 1
3 展台 2
4 栏杆
5 最终的设计效果图

底层平面图

1 入口空间
2 会议室
3 门类产品展示区
4 花园活动区
5 壁橱
6 工作台
7 接待处
8 卫生间
9 厨房
10 会议室 / 总经理办公室

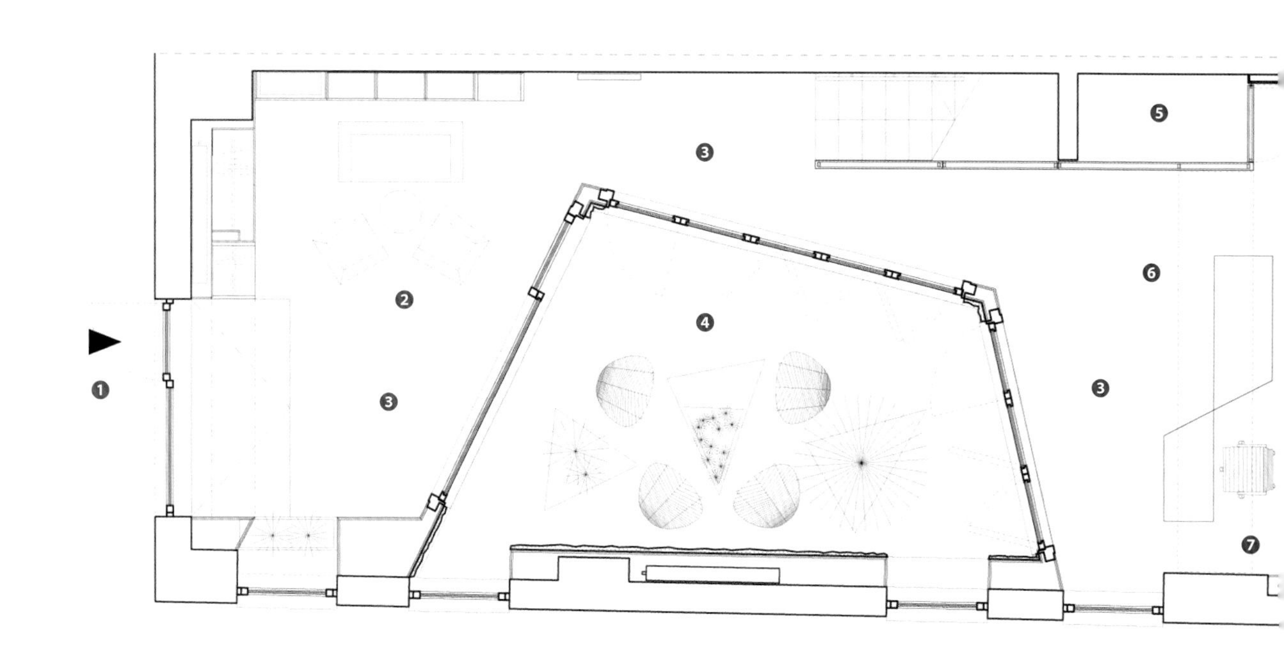

↘
夹层空间平面图

1 工作台
2 夹层空间办公区
3 技术展示间
4 储物间
5 培训处入口

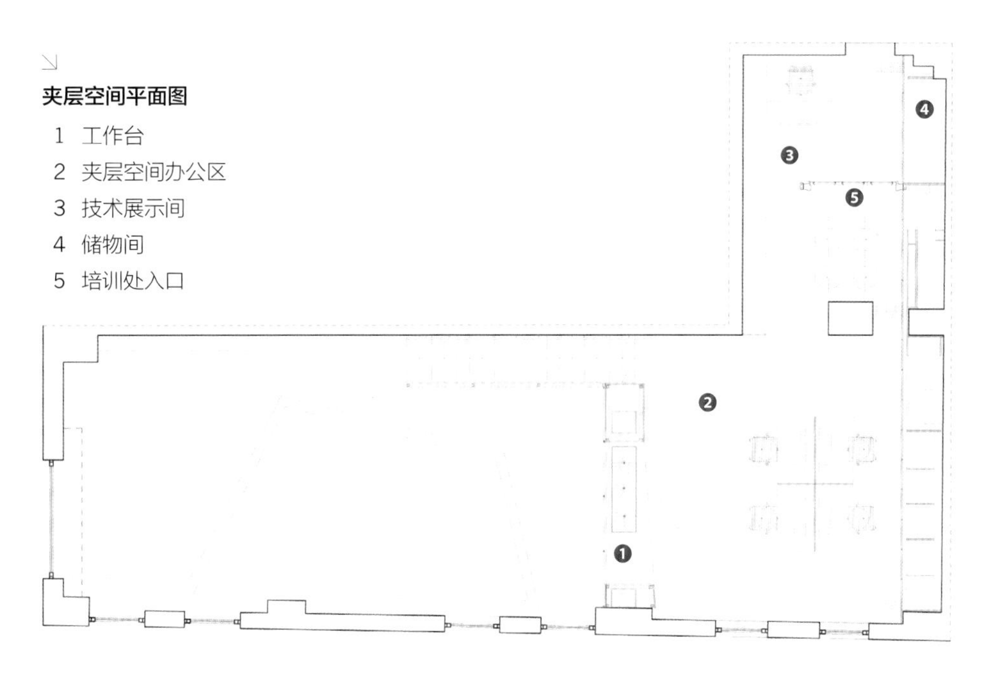

7 从花园内可以观望到办公区的活动
8 入口空间
9 花园

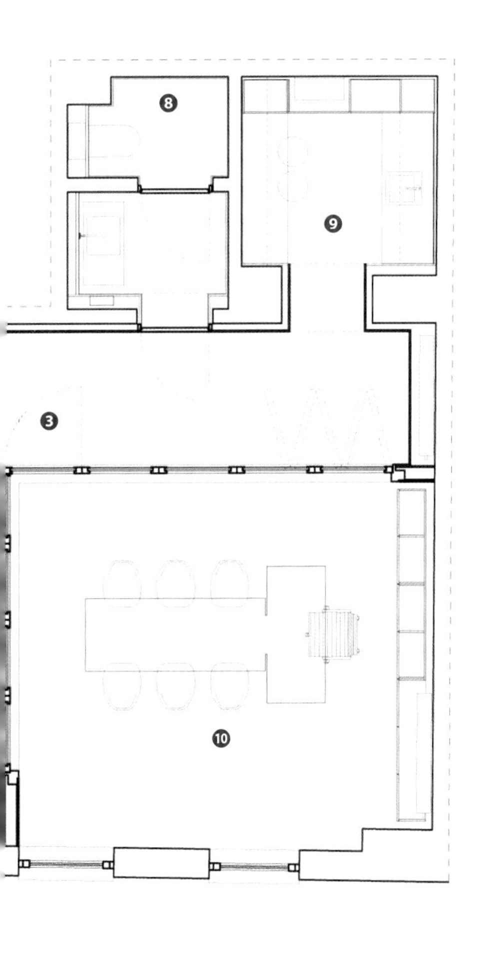

7 | 8
9

瓦伊达·阿特科开泰特，阿克维勒·米斯克·兹维尼恩

Eurofirma 公司办公室设计

委托方
Eurofirma 公司

项目地点
英国伦敦
项目面积
67.2 平方米
完成时间
2014 年
摄影
利昂娜·加尔巴考斯卡斯

这是一间专门为女性群体打造的办公室，她们一星期有六天的时间需要与大量繁杂的数字和文件打交道。

在 67.2 平方米的空间内为 8 个人打造出符合人体工程学的功能性工作区、休闲区和厨房是一个相当巨大的挑战。设计师采用玻璃隔断将工作区与其他区域分隔开来。玻璃隔断将整个空间划分成五个功能区的同时，还可起到降低噪音的作用。更重要的是，玻璃隔断可以在视觉效果上扩大空间的面积。

设计师承诺为委托方营造一种舒适的家的氛围。公共区的视觉焦点是装有人工植物的方形玻璃缸。这些植物与融入办公室橱柜设计、充当柜门使用的油画（油画的作者是多纳塔斯·扬考斯卡斯）营造出一种舒适的家的氛围。

动态的天花板是一种引人注目的设计元素。天花板内的嵌线高度不一，这种设计方式不仅是出于声学方面的考虑，还可将通风格栅或玻璃装置很

1 | 3
2 |

好地隐藏起来。客户接待区办公桌正上方的天花板上挂有特殊材料制成的隔音板。这些红色的隔音板线条柔和，与照明装置的外形极为相似。

办公空间的色彩以单色为主，并辅以彩色元素。设计师选用灰色和红色作为办公空间的主要色彩，这两种色彩也是 Eurofirma 公司的代表色。油画的配色与椅子、室内装饰品、把

1 装有人工植物的方形玻璃缸将整个空间分隔成几个功能区
2 客户接待区办公桌正上方的天花板上挂有特殊材料制成的隔音板。这些红色的隔音板线条柔和，与照明装置的外形极为相似
3 设计师用有机玻璃隔墙将办公区分隔成四个部分

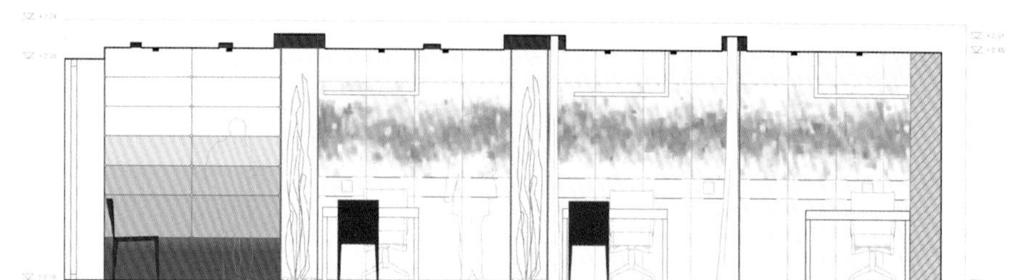

剖面图 1

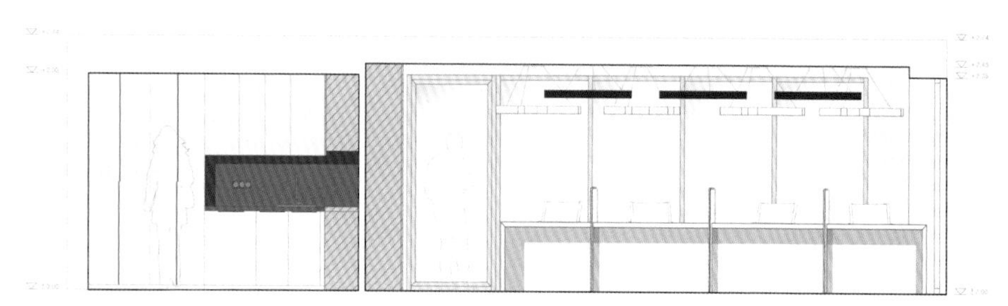

剖面图 2

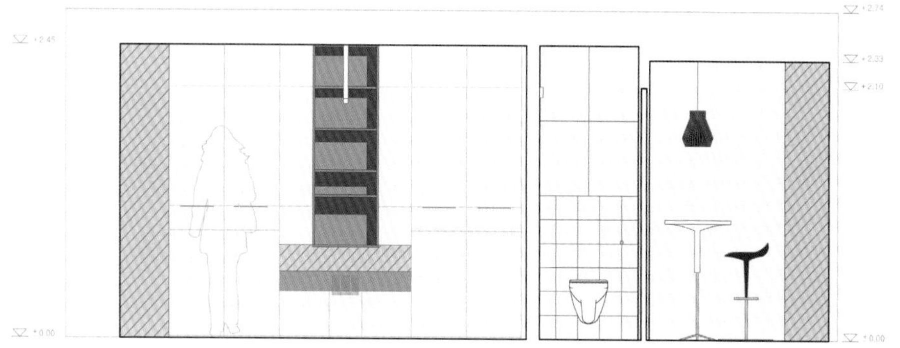

剖面图 3

手等办公空间内的其他元素相互呼应。设计师将办公空间的设计重点放在人工照明的选择上。设计师选用了两种类型的照明设施，即可以为办公区提供一般要求灯光照明的照明设施和可以为油画和植物等办公空间关键元素提供局部灯光照明的照明设施。

4 | 5
| 6

4 经理办公室和财务办公室的地板上铺设有地毯，可以起到消音的作用
5 办公室内的办公桌可以隐藏线缆，设计师将线缆和电源插座藏在中空的办公桌腿内
6 办公室橱柜门上油画的色彩与座椅、隔音板等室内元素的色彩十分相配

↘

空间平面图

1 等候区
2 办公区
3 经理办公室
4 财务办公室
5 卫生间
6 厨房

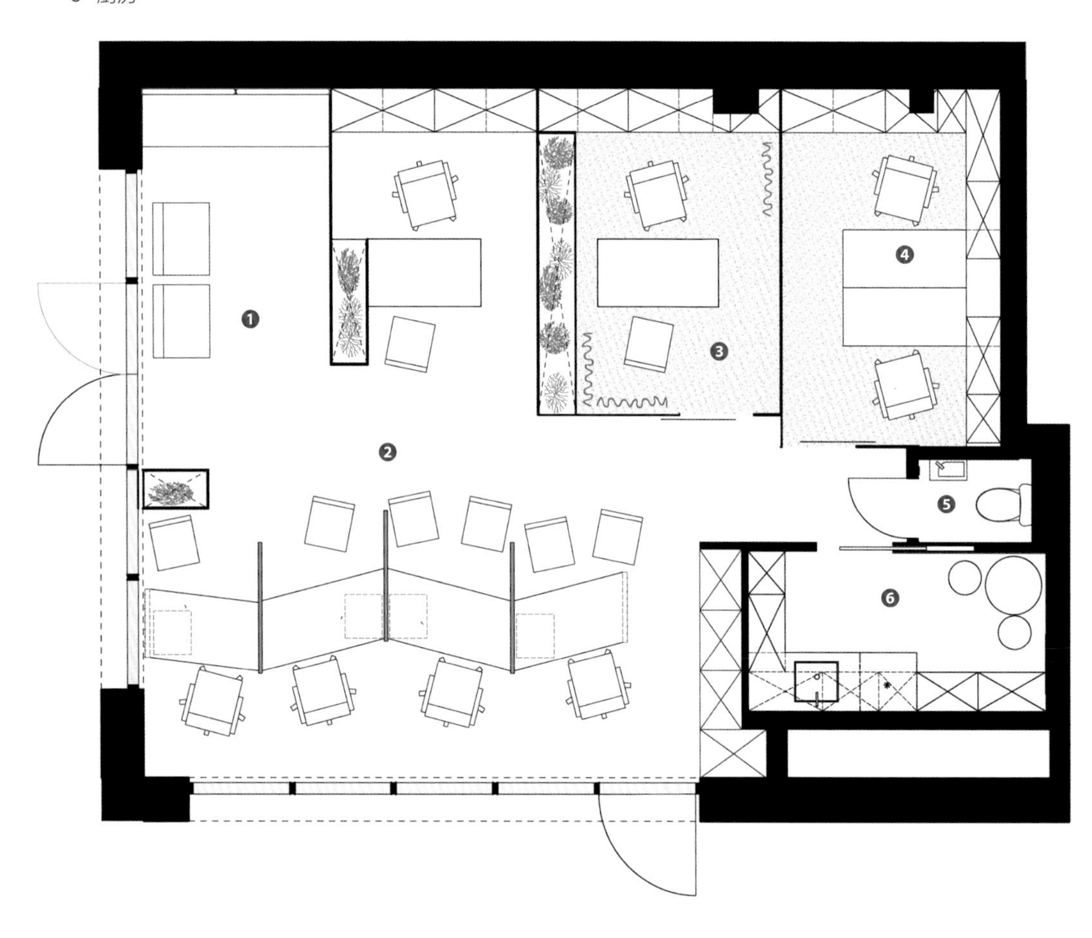

|9
7|8|10

7 设计师为总经理办公室安装了用轻薄面料制成的窗帘，用以增加办公室的私密性
8 办公室橱柜门上的油画不仅可以充当柜门使用，还可以营造出一种舒适的家的氛围
9 天花板内的嵌线高度不一，这种设计方式不仅是出于声学方面的考虑，还可将通风格栅或玻璃装置很好地隐藏起来。多层次的天花板设计可以丰富办公空间的图形元素
10 玻璃隔断间的天花板由镜面制成，可以在视觉效果上扩大空间的面积

Eurofirma
DELL

11 | 15
12 13 14 | 16

11 玻璃隔断不仅可以起到扩展空间的作用，还可以反射周围环境
12 设计师在客户接待区摆放了几个不同颜色的客户座椅，这些座椅的色彩与橱柜门上油画的色彩十分相配
13 员工办公桌的桌面由高品质的人造皮制成
14 柜橱门上的油画在局部照明设施的照射下显得更加鲜艳夺目
15 从玻璃隔断办公间望向员工办公区
16 设计师用深灰色和红色装饰天花板上的凹槽，天花板上的凹槽内安装有照明灯，可以提供一般要求的灯光照明

项目名称

AGi 建筑事务所

Prointel 电视公司办公室设计

委托方

Prointel 电视公司

项目地点

西班牙马德里

项目面积

300 平方米

完成时间

2015 年

摄影

米格尔 · 古斯曼

1
2

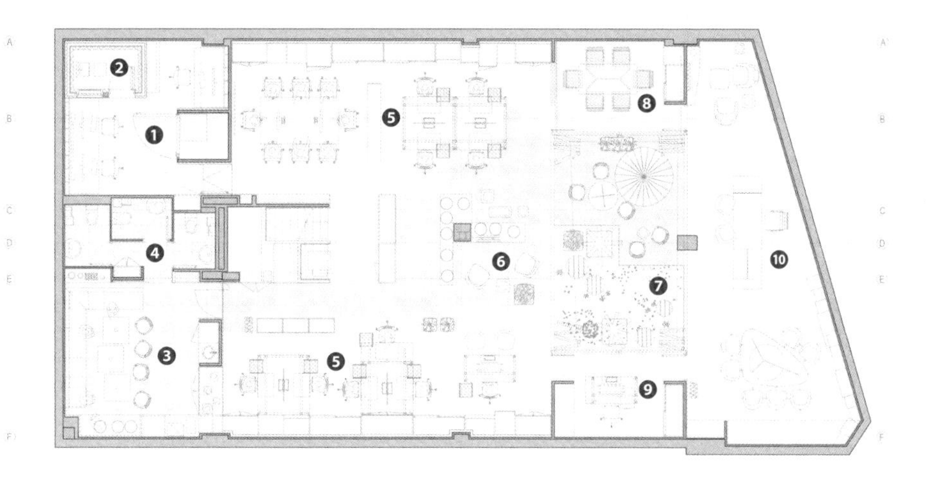

下层空间平面图

1 节目制作间
2 录音室
3 厨房
4 卫生间
5 办公区
6 休息区
7 庭院空间
8 会议室
9 秘书办公室
10 主要创作区

Prointel 电视公司成立于 1970 年，是西班牙第一家独立运作的电视制作公司。最近，AGi 建筑事务所对该公司的办公室进行了重新改造和装修，打造出一个能够展现公司新形象的创作大厅。

马德里拥有多个住宅开发项目，众多小型企业也在此云集。改造项目位于马德里的混合型住宅区内，在对原创精神进行保护的同时，改造项目还可满足使用者的当前需求；这种原创精神在改造项目的每个细节中均有展现。

整个改造项目的基础是如何打造出一个面向庭院的开放办公空间，最大化地利用自然光和广阔的室外空间。设计团队决定突出露台的重要性，将室外小路引入办公空间，同时拆除所有不透明的墙面。

主要创作区是一个大型的开放区域，多个部门可以在这里协同工作。配备有桌子和定制墙柜的侧厅专门被用来开展团队工作，录音室则被用来进行后期制作工作。

改造项目建立在庭院内，将自然光线引入办公空间是项目的关键所在。大门和接待处均位于街道一侧的空间顶层。用木料包裹而成的中央楼梯，从入口处一直延伸到铺有瓷砖的地下室。此外，在空调和照明装饰的设计上，设计团队还充分考虑到了办公空间的节能需求和规划需求。

1 开放办公空间面向庭院而置，扩大采光效果的同时增加室外空间白天的使用率
2 下层办公区的局部视野

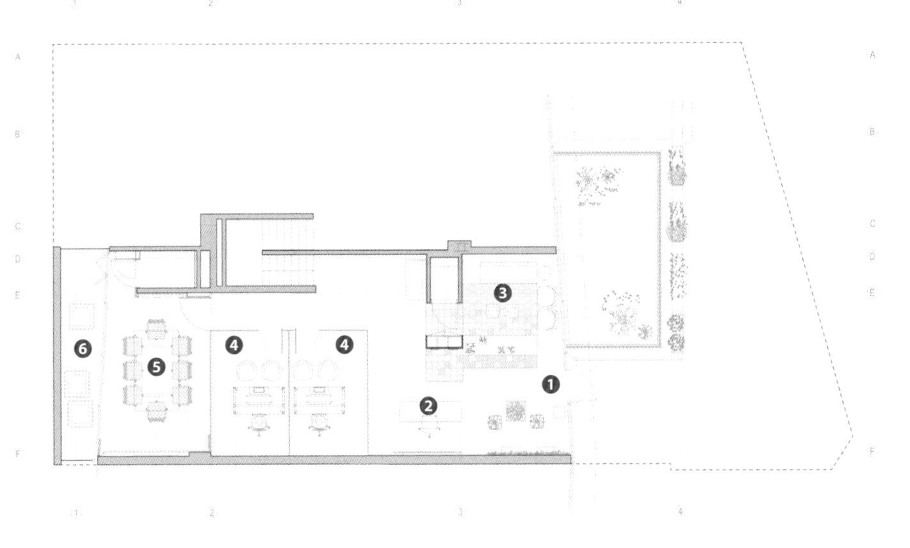

↘

入口空间平面图

1 入口空间
2 接待区
3 等候区
4 办公室
5 会议室
6 庭院

3 | 5
4 | 6 7

3 面向庭院而置的大型开放办公空间，办公空间后面是负责人办公室
4 庭院空间户外设施细节图
5 自然采光和通风
6 用木料包裹而成的中央楼梯，从入口处一直延伸到铺有瓷砖的地下室
7 与街面齐高的接待区。秘书办公室和接待区是由阿吉建筑事务所（AGi architects）设计的

8 | 11
9 | 12
10 |

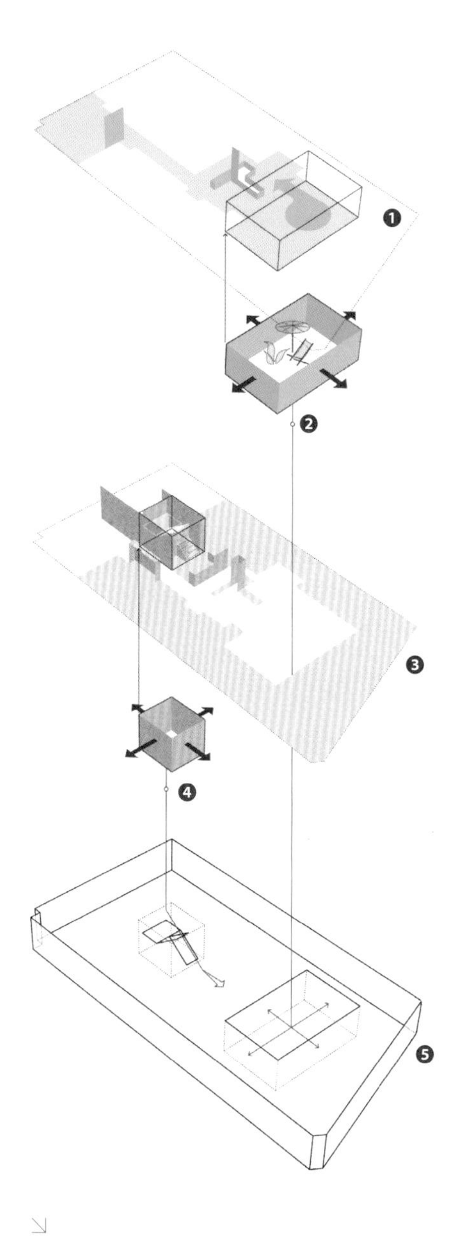

↘

概念结构

1 休息区：庭院空间、休闲区和办公区内的流通道路上都铺设用竹材有瓷砖，与办公空间内的其他区域形成鲜明对比
2 庭院空间：植物区
3 办公空间：竹材被广泛地运用到办公空间的设计中，为人们营造一个舒适温馨的办公环境
4 入口楼梯：木料维护
5 各种元素：入口楼梯和庭院空间将开放式空间的上下两层联系起来

8 下层办公区。尼禄瓷砖是由帕特丽夏・乌古拉 & 穆蒂纳（Patricia Urquiola&Mutina ）设计的
9 办公空间内的厨房
10 配备有桌子和定制墙柜的侧厅专门被用来开展团队工作
11 由阿吉建筑事务所（AGi architects）设计的家具设施和室内气候环境管控系统
12 负责人办公室

项目名称

Desnivel
设计公司

Matatena 阁楼办公室设计

委托方
杰奎因 · 平松

项目地点
墨西哥梅里达
项目面积
206 平方米
完成时间
2014 年
摄影
里卡多 · 洛佩斯

1 | 2
| 3

该项目位于墨西哥梅里达北部的一个 10 米 x 20 米的空间内，其设计理念是营造一个打破传统设计风格办公环境。该项目的委托方是一家平面设计工作室，其负责人接受了设计团队意图打破常规、寻求突破的设计理念。整个办公空间有两层高，漂亮的茶卡树是该项目的核心所在，这棵树将整个空间划分成几个部分，营造出一种户外感的同时，还可起到调节微气候的作用。

该项目的总面积为 206 平方米，包含四间办公室：两间首席设计师办公室、一间财务室和一间服务办公室。除此之外，还设有接待区、会客室、厨房和两间浴室。设计团队用木材和混凝土材料打造出多间现代化办公室，白色的石灰墙和两层高的举架更是给人一种宽敞明亮的感觉。根据委托方的要求，设计团队将各个空间联系起来，打造出一个更为合理的办公环境。咖啡间的设计也体现了该项目的设计理念，轻松但却专业的氛围不仅有助于员工与客户展开良好的沟通和交流，还可激发员工们的创造性思维。

1 Matatena 阁楼办公室内的楼梯
2 室内空间全景图
3 建筑外观

建筑外观

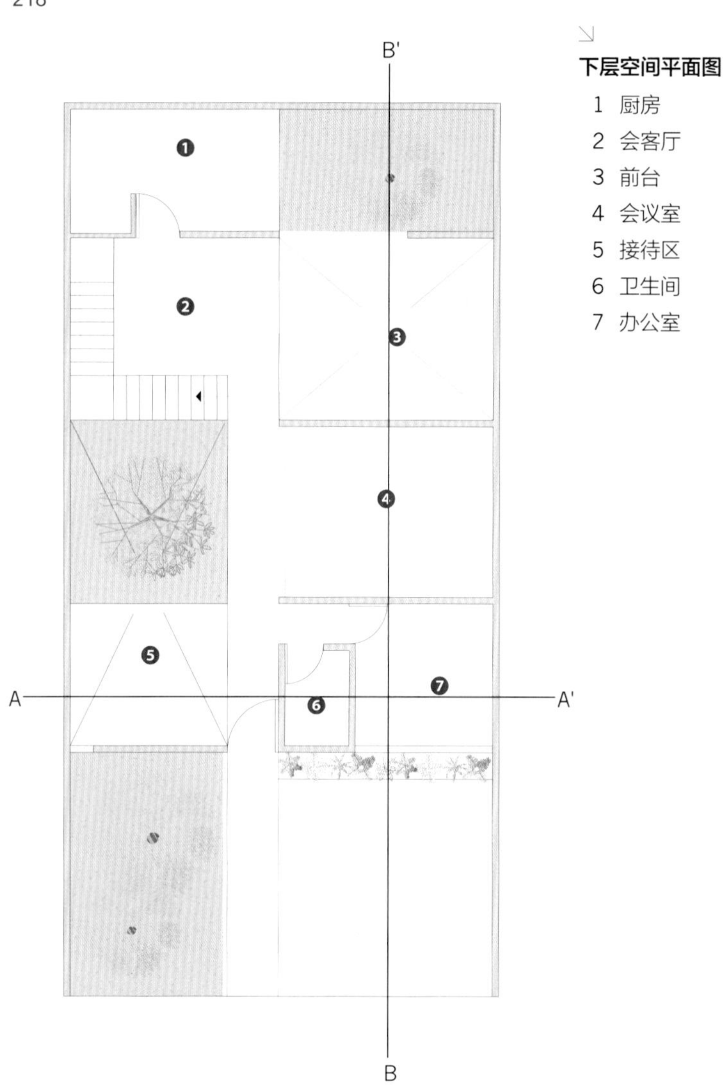
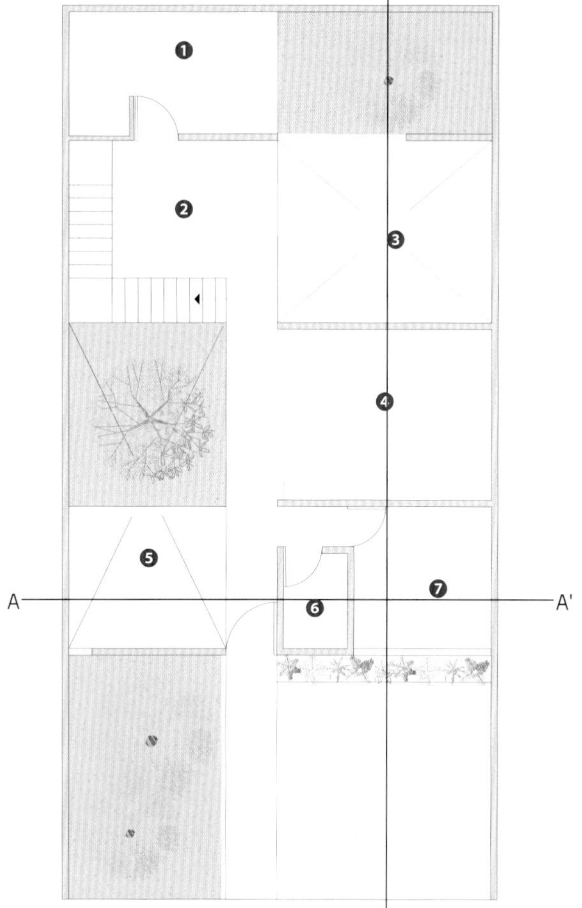

下层空间平面图

1 厨房
2 会客厅
3 前台
4 会议室
5 接待区
6 卫生间
7 办公室

4 水泥地板上的白色座椅
5 办公空间中央种有一棵茶卡树
6 舒适的办公环境
7 室内绿墙
8 光线充足的休息区

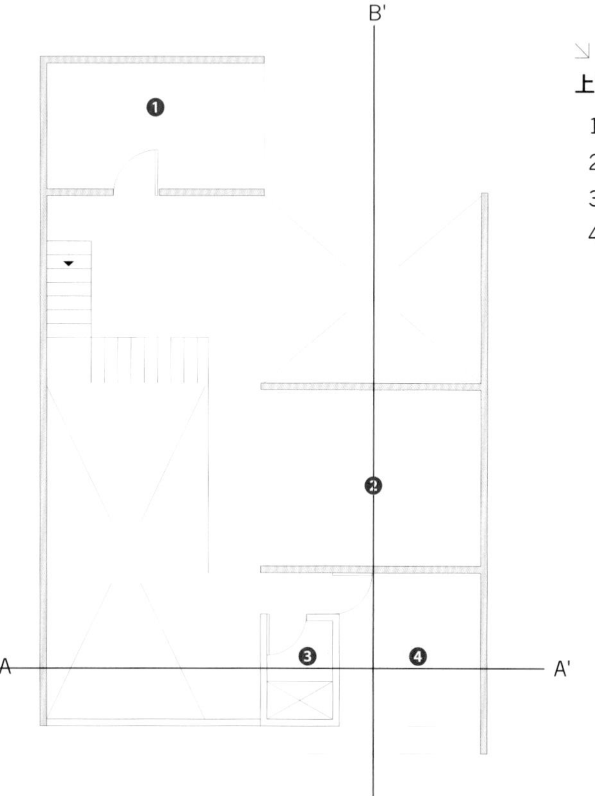

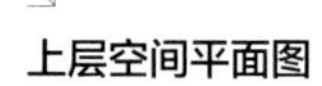

上层空间平面图

1 老板办公室
2 办公室
3 卫生间
4 办公室

4 | 6
5 | 7
  | 8

剖面图B–B’

1 办公室
2 办公室
3 会议室
4 前台

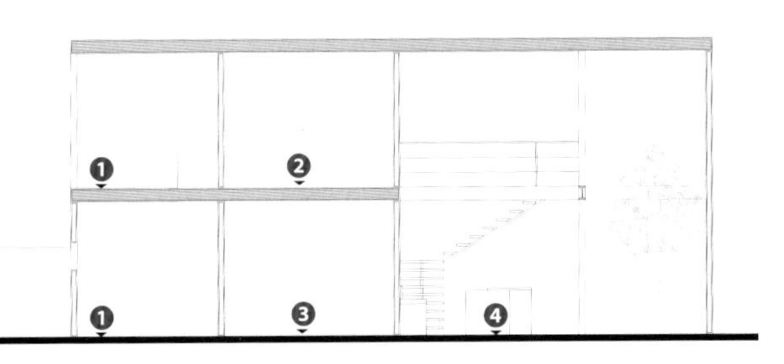

剖面图 A–A’

1 接待区
2 卫生间
3 办公室

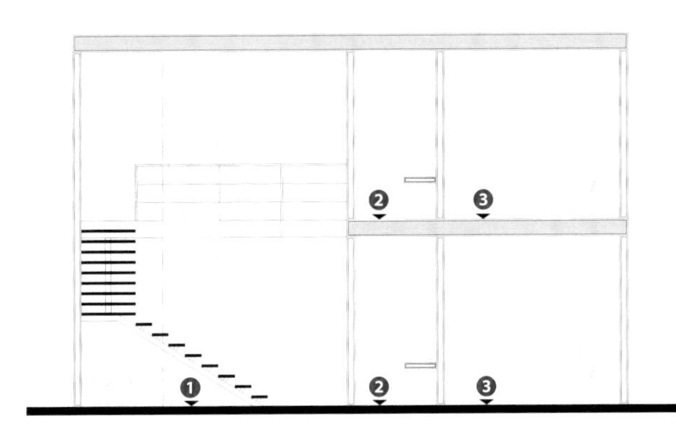

9 | 11
10 | 12 13

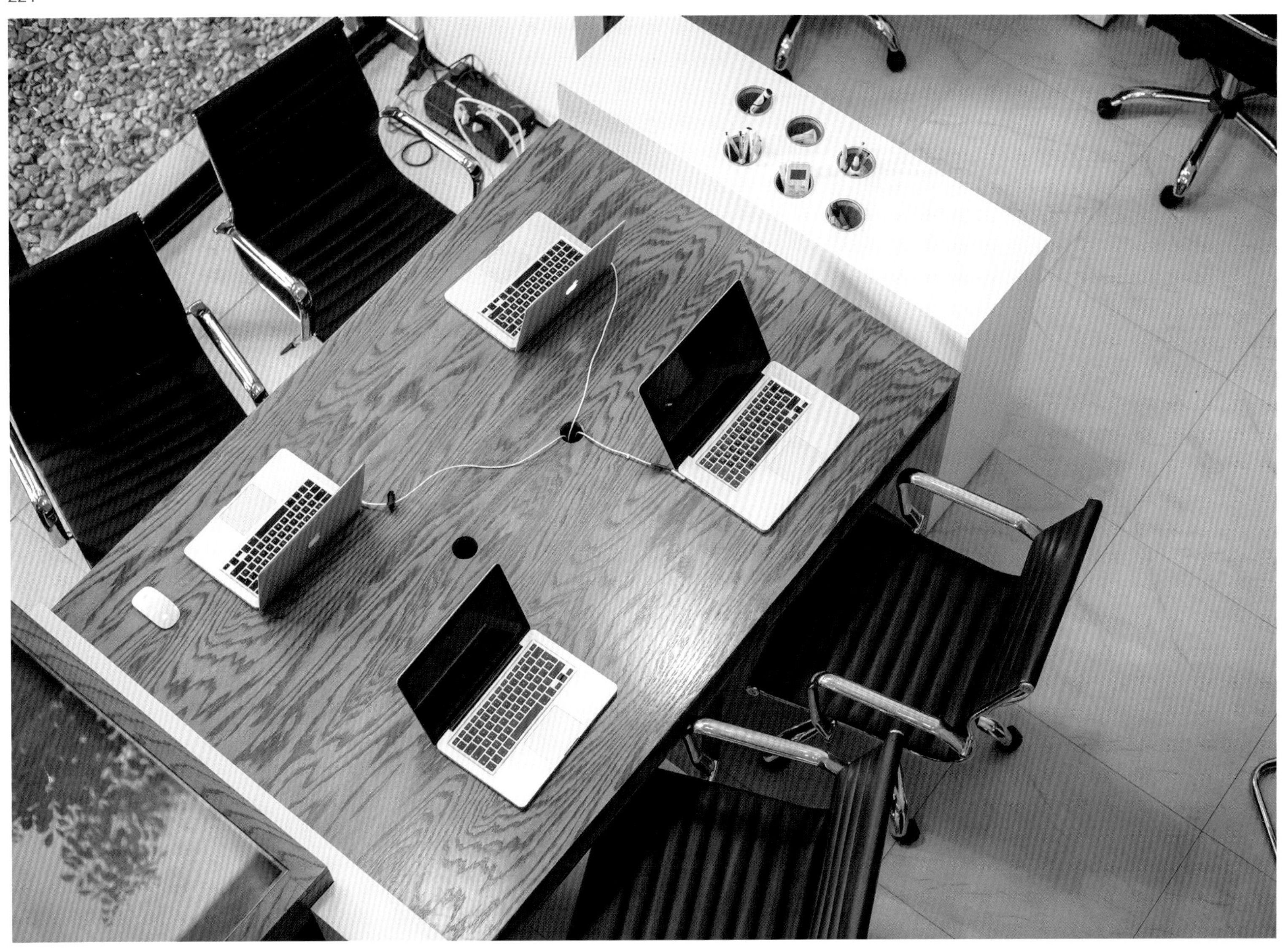

9 办公空间空中俯瞰图
10 办公空间侧面图
11 办公室设备，包括电脑和办公桌椅
12 会议室
13 办公室设备，包括电脑和办公桌椅

MNdesign 工作室

Sabidom 公司办公室设计

委托方
Subidom 集团

项目地点
俄罗斯莫斯科
项目面积
470 平方米
完成时间
2014 年
摄影
马里安 · 弗奈克

Sabidom 公司是一家专门从事联排别墅设计的建筑公司，在对这家公司的主体办公室进行设计时，设计师的主要任务是凸显 Sabidom 公司在建筑市场的优势。另一项任务是创建一种既适用于施工流程，又适用于客户沟通的新办法。沟通的主要目的是将复杂困难的购房过程转变成一次有趣的冒险经历。因此，设计师决定采用一些 Google、Skype、Yandex 等信息技术公司采用的较为典型的室内设计方法。正如该项目的委托方说："为这些思想自由的创造型人才营造一个积极向上的办公环境是十分必要的。"

该项目的设计理念建立在企业核心价值观（友善、创新和生态）的基础之上，主体办公室由开放空间、办公室、休息室和技术室构成。前台接待处和冬景花园将办公空间与公司大门分隔开来。前台接待处是室内设计的重点，而冬景花园则是一个用于休息放松、进行头脑风暴的不错场所。除了

1 接待区一定要给来访者留下良好的印象
2 将冬景花园与其他区域分隔开来的玻璃隔墙上绘制有俄罗斯地图的图案和用来激励员工的标语
3 办公空间的中央是一个小型的冬景花园，员工们可以在这里休息放松、沉思冥想或是进行头脑风暴

1 | 3
2 |

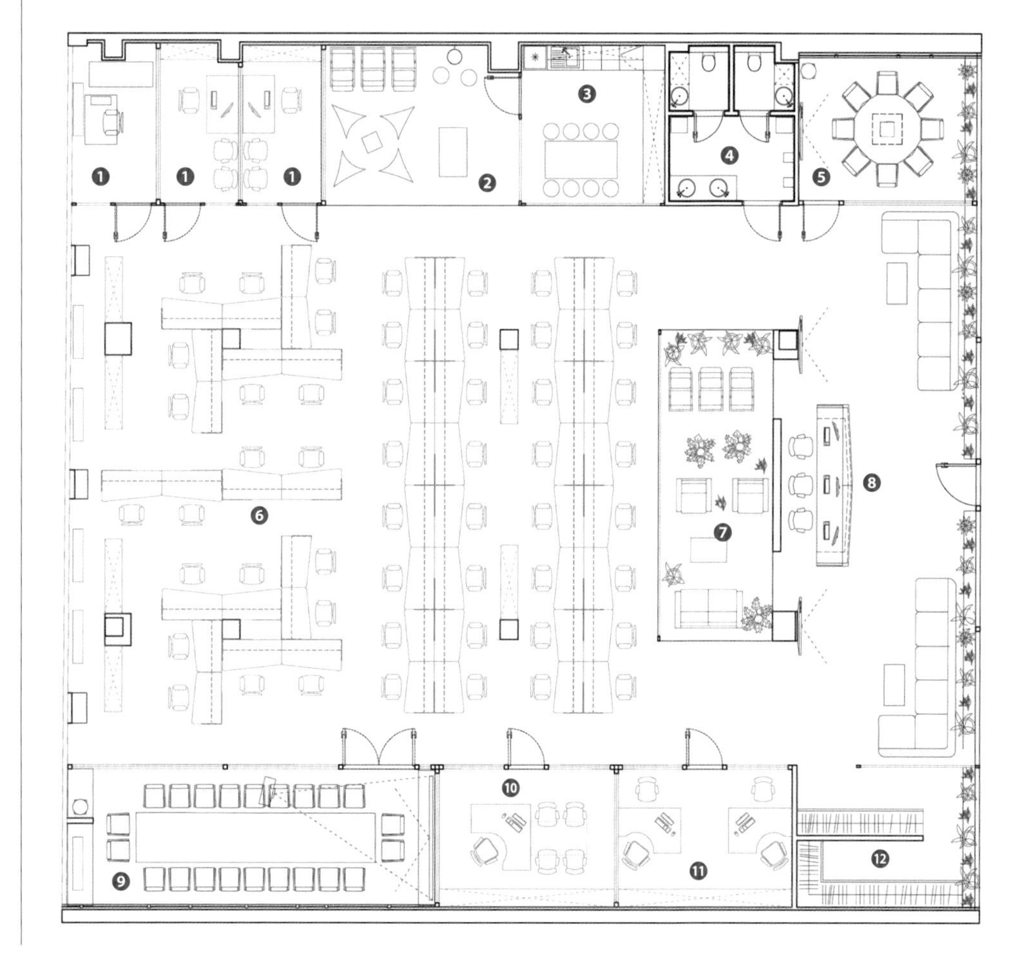

冬景花园之外，办公空间内还设有一个配备有厨房、餐厅和游戏间的休息区。

设计师借助具有未来主义风尚的家具、动态的照明装置和强烈的色彩反差提升整体设计理念，并将上述元素与带有自然气息的地毯、桦木胶木板、瓷砖和大量天然植物结合起来。玻璃墙的使用使得办公空间看起来宽敞明亮，而这些玻璃墙上的图形（用磨砂片制成）更是强化了室内空间的风格和特征。

平面图

1 办公室
2 接待区
3 餐厅
4 卫生间
5 会议室
6 办公区
7 冬景花园
8 前台
9 会议厅
10 总经理办公室
11 副经理办公室
12 衣帽间

4 | 5 7
  | 6

4 由 MNdesign 工作室设计的造型巧妙的接待台是办公空间的一大亮点
5 设计师借助具有未来主义风尚的家具、动态的照明装置和强烈的色彩反差提升整体设计理念，并将上述元素与带有自然气息的地毯、桦木胶木板、瓷砖和大量天然植物结合起来
6 等候区的设计具有未来主义风尚，给人一种温馨、舒适的感觉
7 越过前台便可看见整个办公空间内的景象，营造出一种开放式空间的感觉

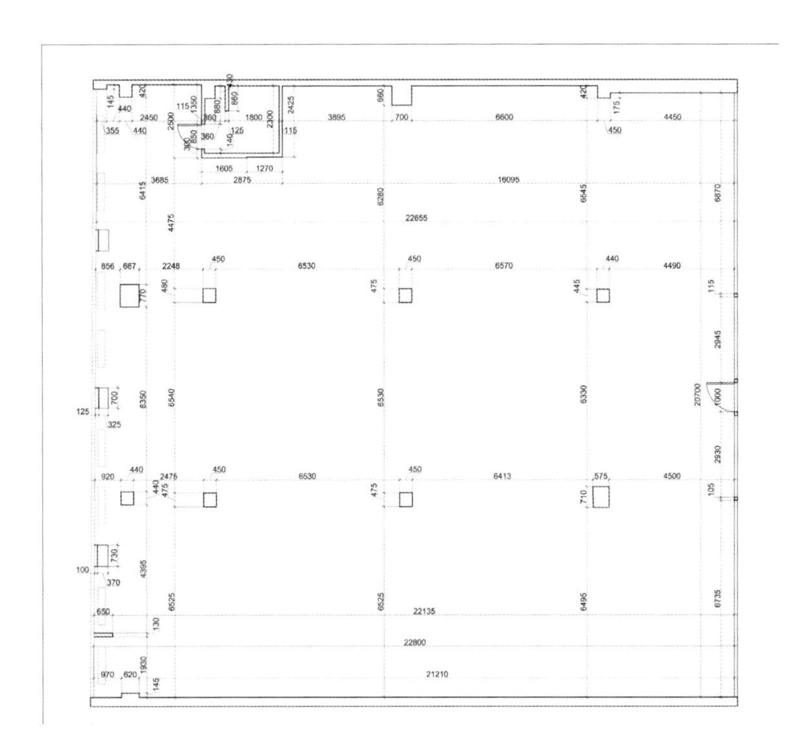

8 | | 11
9 | 10 | 12

8 设计师用墙板和原创内置家具对经理办公室进行布置
9 玻璃隔墙后面的员工餐厅也采用了同样的设计风格
10 带有类似苔藓和岩石纹络的地毯和玻璃隔墙上的原创平压装饰图案扮演着特殊的角色
11 办公区位于开放式空间内
12 休息室设在一个凸起的平台上，墙面和天花板是用软木塞板制成，休息室内还摆放有造型独特的沙发。起初，设计师还打算在休息室内设置曲棍球、拳击沙袋和飞镖等设施

10
12
11
9
8
6
7

13 办公空间没有安装低桁架天花板，而只是为公共线缆喷涂上常规色油漆，照明装置被安装在主办公区正上方，其布放形式好似一条无形的“冲击波”

14 卫生间的设计也有环境设计方面的考虑

15 用于装饰室内空间的特色钟表可以对整体设计进行补充

16-17 小型会议室内安装有内置 LED 装置

13 | 16
14 15 | 17

Jvantspijker 城市建筑研究院　带有屋顶花园的阁楼办公室设计

委托方
Havensteder, Lucidious, Jvantspijker

项目地点
荷兰鹿特丹
项目面积
200 平方米
完成时间
2014 年
摄影
雷内 · 德威特

1/2

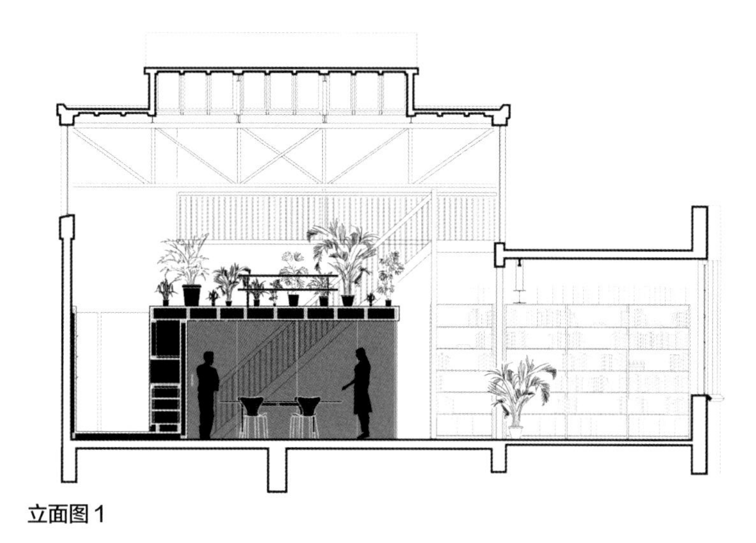

立面图 1

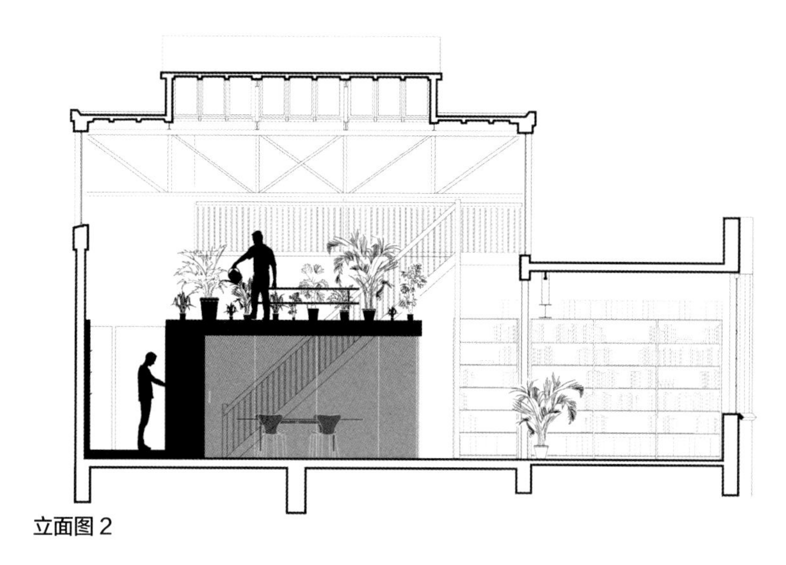

立面图 2

Jvantspijker 城市建筑研究院对位于荷兰鹿特丹德夫哈芬社区内的一个旧蒸汽车间进行了重新设计，使其成为一个开放式阁楼办公室。办公空间中央的玻璃屋是会议室，会议室旁设有茶水间和通往屋顶堆满绿植的小花园的楼梯。这种处理方式使整个办公空间充满生气。

设计师给改造后的办公空间命名为“De Fabriek van Delfshaven”。De Fabriek 是一个多租户办公建筑。在过去的两年中，旧蒸汽车间逐渐变成了一个充满生气的办公空间，多家设计工作室、软件公司和小型企业选择落户于此。

办公空间改造背后的核心设计思想是基本保持原有空间的比例、通透性和亮度，并将各个独立的办公室与建筑主体的中庭联系起来。因此，办公空间中央的会议室被设计成了一个结余房间、隔墙和家具之间的混合体，不仅可以起到分隔和联系空间的作用，还可以作为服务性空间使用。

木质结构可以发挥墙饰面、地板、墙体、厨房和屋顶的作用。设计师充分利用空间挑高上的优势，在会议室顶部修建了一个小型屋顶花园。人们可以通过一小段楼梯进入这个可以暂时逃离忙碌工作的有趣空间。此外，屋顶花园内的绿植还可以吸收办公空间内的噪声，为人们提供一个安静、舒适的办公环境。

材料选用和设计细节方面简单明了。除两根钢柱之外，这个会议室主要由胶合板和玻璃构成，木材的粗糙与玻璃的透明形成鲜明对比，让会议室上方的屋顶花园呈现出漂浮的效果。在声学性能上，会议室与开放式办公空间的其他空间完全隔绝，人们可以在这里办公、会面或是打电话。

Jvantspijker 城市建筑研究院将旧蒸汽车间改造成了一流的开放式阁楼办公室，这一成功的案例表明，那些藏于市中心内被人们遗忘的空间拥有不为人知的巨大潜力。原有空间与新增功能实现了完美结合，这也为市中心其他被遗忘空间的再利用提供了典范。

1 开放式办公空间
2 办公空间全景图

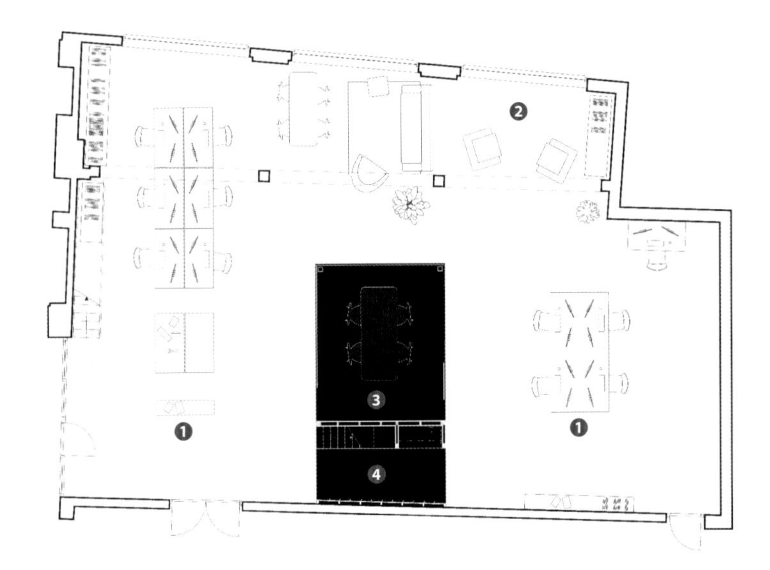

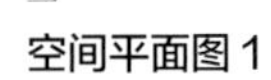

空间平面图 1

1 办公空间
2 休闲区
3 会议室
4 厨房

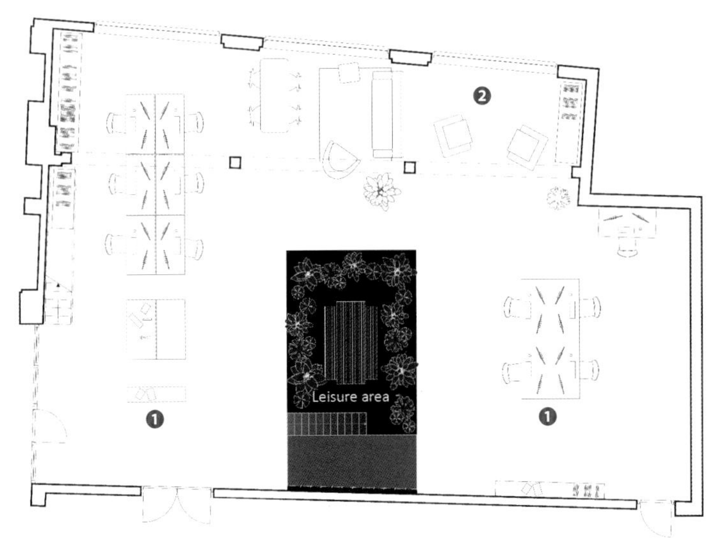

空间平面图 2

1 办公空间
2 休闲区

4 6
3 5 7

3 嵌设在楼梯侧面的柜橱
4 供设计师沟通交流使用的小型会议室
5 堆满绿色植物的屋顶花园
6 办公空间夜间的景象
7 带有屋顶花园的办公空间

FIELDWORK 建筑设计公司

波特兰 BeFunky 办公室设计

1

委托方
BeFunky
项目地点
美国俄勒冈州波特兰市
项目面积
300 平方米
完成时间
2015 年
摄影
布莱恩 · 沃克 · 李

BeFunky 是一家图片编辑应用程序开发公司。这家公司的新办公室位于美国俄勒冈州波特兰的一间 300 平方米的仓库内。这个开放的办公空间由办公区、会议室、威士忌酒吧间和厨房组成。

委托方希望通过打造一个富有想象力且不过时的办公空间来彰显公司的品牌形象。该项目的设计概念以摄像镜头（BeFunky 标志的一部分）为基础，并在会议室和酒吧间的墙上解构和创造出独具特色的木制隔墙。此外，设计团队还将屏幕光圈元素添加到天花板结构的设计中，将空间内的两个主体结构连接起来。优质的白橡木板贯穿整个空间，在外露结构和混凝土地面的映衬下，给人一种奢华大气的感觉。设计团队还对酒吧间和厨房的白橡木进行了暗斑处理。由于委托方十分喜欢中世纪风格的家具，因此，大家还可以在这里看到设计团队用白橡木打造的办公桌和会议桌。

1 走廊将会议室和办公空间分隔开来

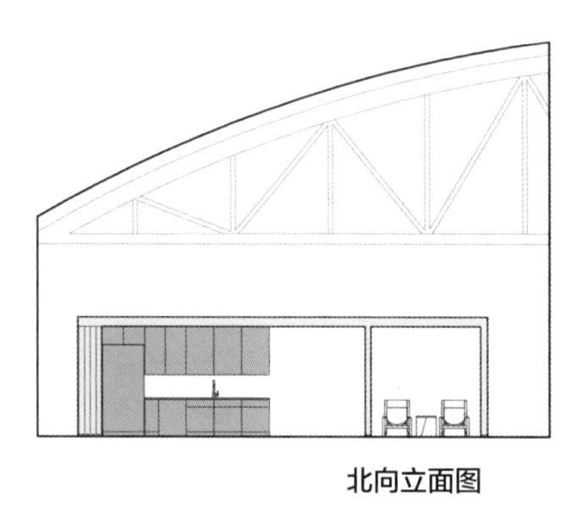

北向立面图

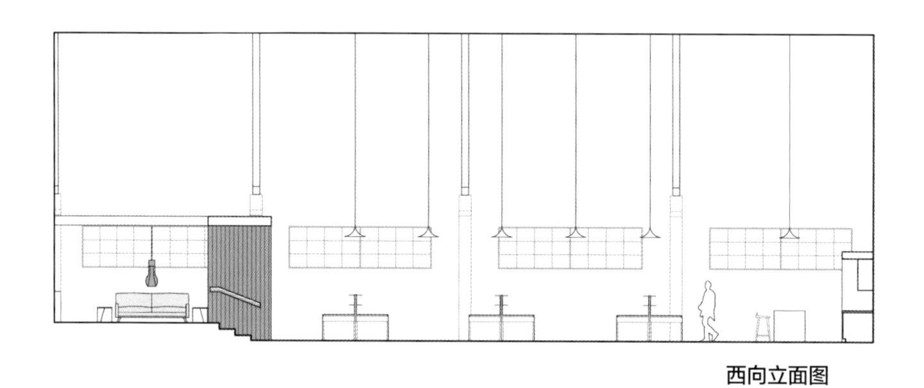

西向立面图

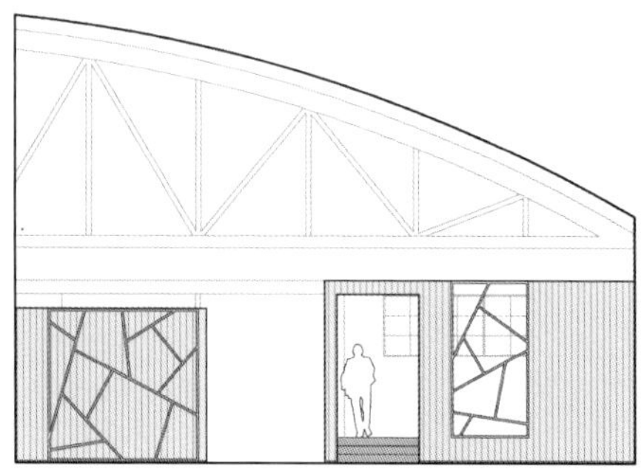

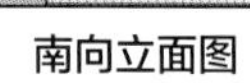

南向立面图

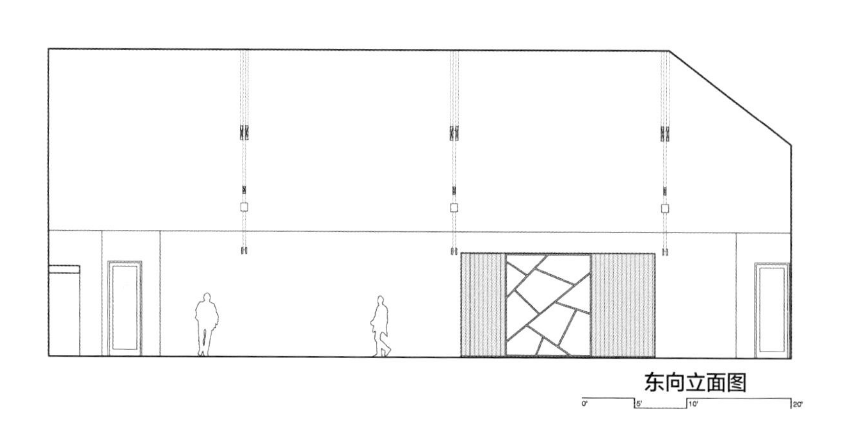

东向立面图

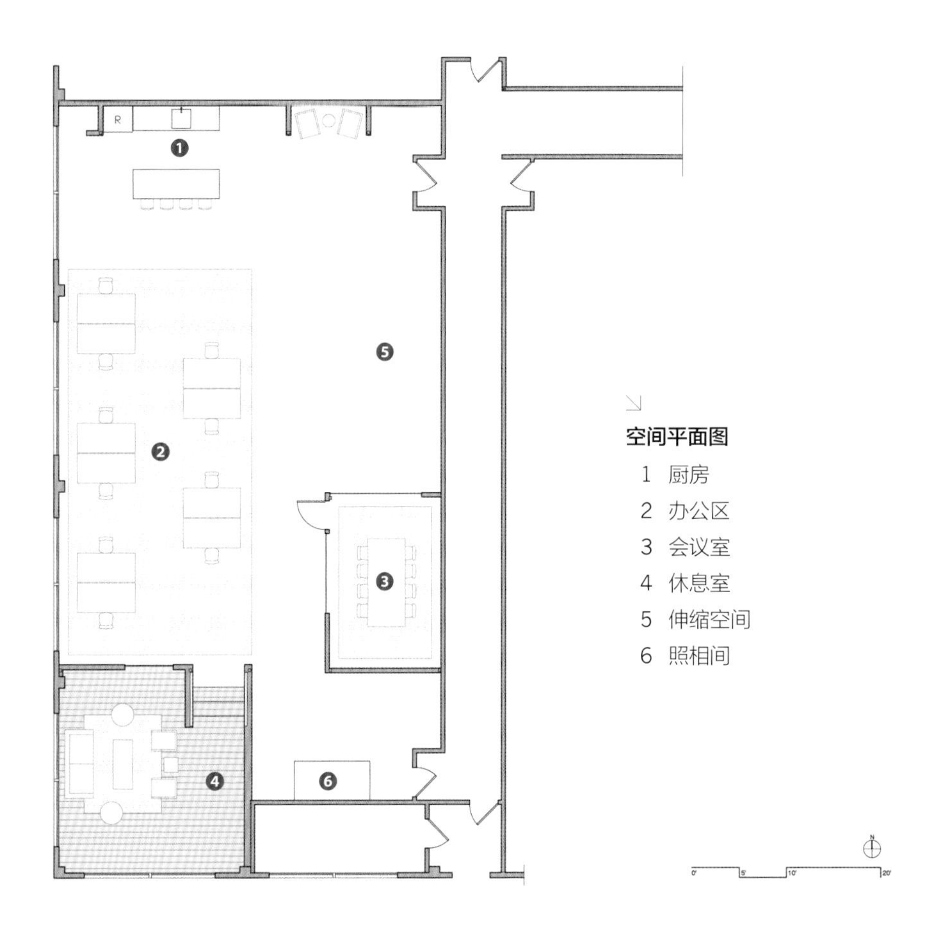

空间平面图

1 厨房
2 办公区
3 会议室
4 休息室
5 伸缩空间
6 照相间

2 | 3

2 带有休闲娱乐区的小厨房
3 会议室

4 | 6
5 | 7

4 小型会议室
5 办公区
6 独特的玻璃设计
7 办公桌

Spacon & X.
设计公司

Space 10
未来生活实验室

委托方
宜家家居 / 罗贝尔代理公司

项目地点
丹麦哥本哈根
项目面积
500 平方米
完成时间
2015 年
摄影
阿拉斯泰尔 · 菲利普 · 维佩尔

1 | 2
  | 3

Space 10 是一个由罗贝尔代理公司运作的创新实验室。Space 10 的底层是一个开放空间，空间内的所有结构均可移动或是根据地下室升降机的要求进行尺寸调整。这样一来，Space 10 便可满足多种活动需求，这里不仅可以举办 60 人参加的研讨会，还可举办 150 人出席的演讲活动和展览活动。

Space 10 底层空间的上面是罗贝尔代理公司和宜家临时员工的办公空间。

该项目的设计理念是优化功能空间。为了改变办公空间使用者白天的工作状态，Spacon & X. 设计公司设计了四种类型的空间，人们可以坐在常规座椅上办公、坐在双层结构的上层空间内畅谈或是在休息区休闲放松。未经加工的施工材料和绿色植物营造出一个温馨的绿色环境，给人们带来全新感官体验的同时还可保持室内空气清新。

1 一楼办公区上方修设有一个带有天窗和电源插座的室内树屋，是开放式办公环境内的一个安静、隐蔽的空间
2 一楼的就餐—会面—阅览区与后面的厨房，滑动墙上安装有一个内置电视屏可在开会时使用
3 从外面的街道可以望见一楼展示空间内的景象。这里面向公众开放，可以举办会谈、观影等活动

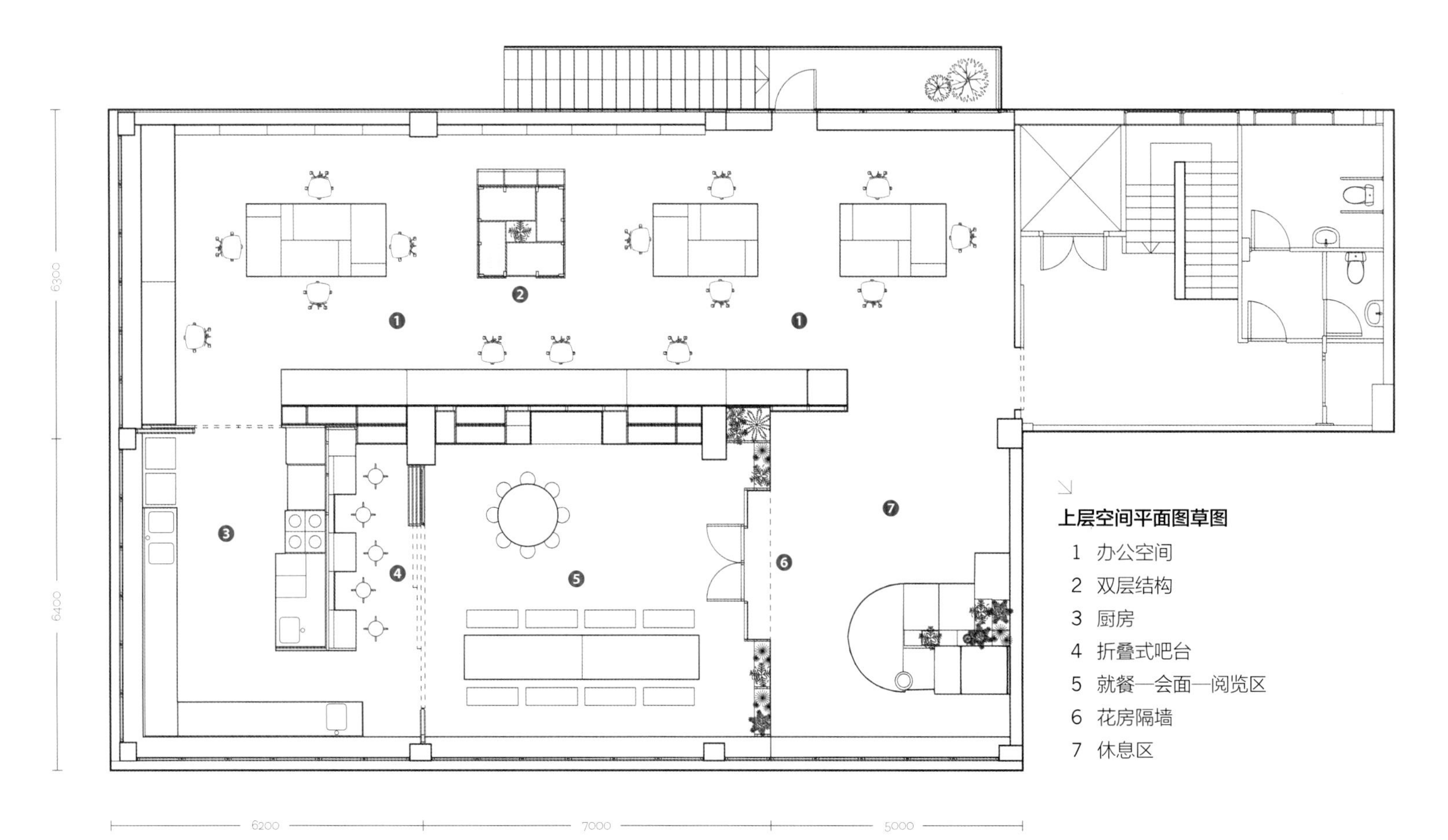

上层空间平面图草图

1 办公空间
2 双层结构
3 厨房
4 折叠式吧台
5 就餐—会面—阅览区
6 花房隔墙
7 休息区

4 | 5
6
7

4 在就餐—会面—阅览区可以看到花房门后的休息室
5 人们可以坐在就餐—会面—阅览区内移动式圆桌旁的座椅上看书
6 衣柜对面的休息区不仅可以作为办公室使用，还可以为进进出出的访客提供歇脚之所
7 休息室、就餐—会面—阅览区和厨房全景图

8 从外面的街道可以望见一楼展示空间内的景象。人们可以在此举办会谈、表演或头脑风暴等活动
9 展示空间夜间的景象
10 展示空间内的移动式多功能家具和植物
11 移动式收缩墙
12 用来安装、调试设备的移动式装置

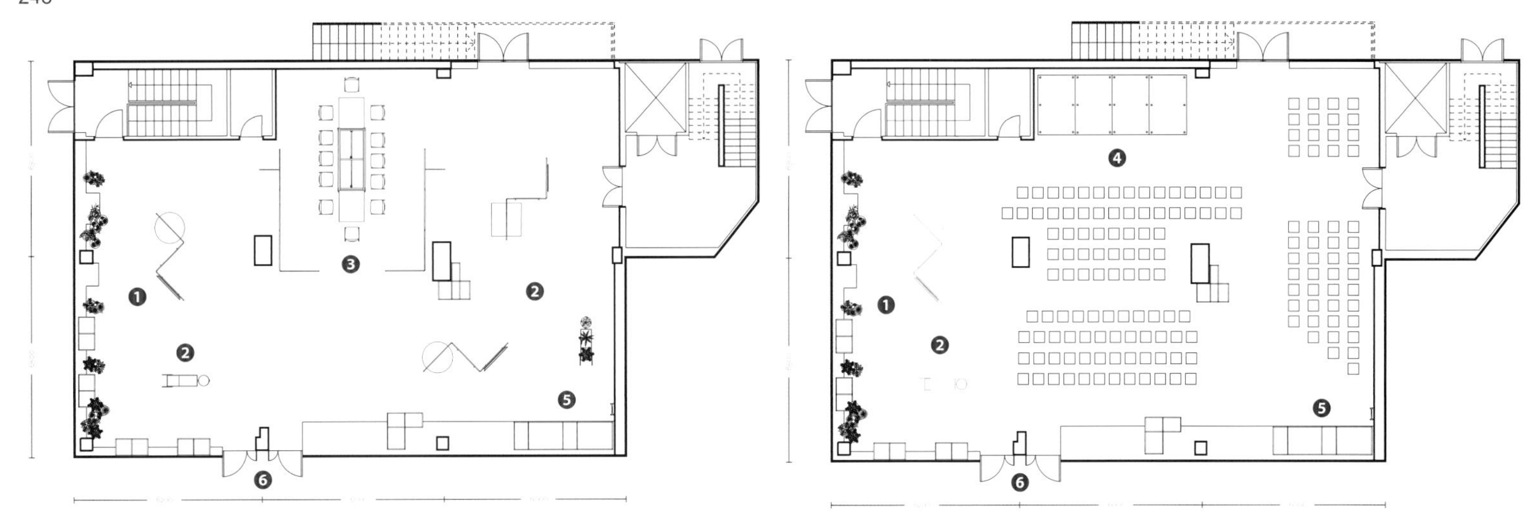

↘

底层空间平面图草图

1 窗户农场——植物攀爬竿
2 收缩墙——会议搭建
3 移动式修配间
4 移动式平台组件
5 窗边休息区
6 入口

8
9 | 11
10 | 12

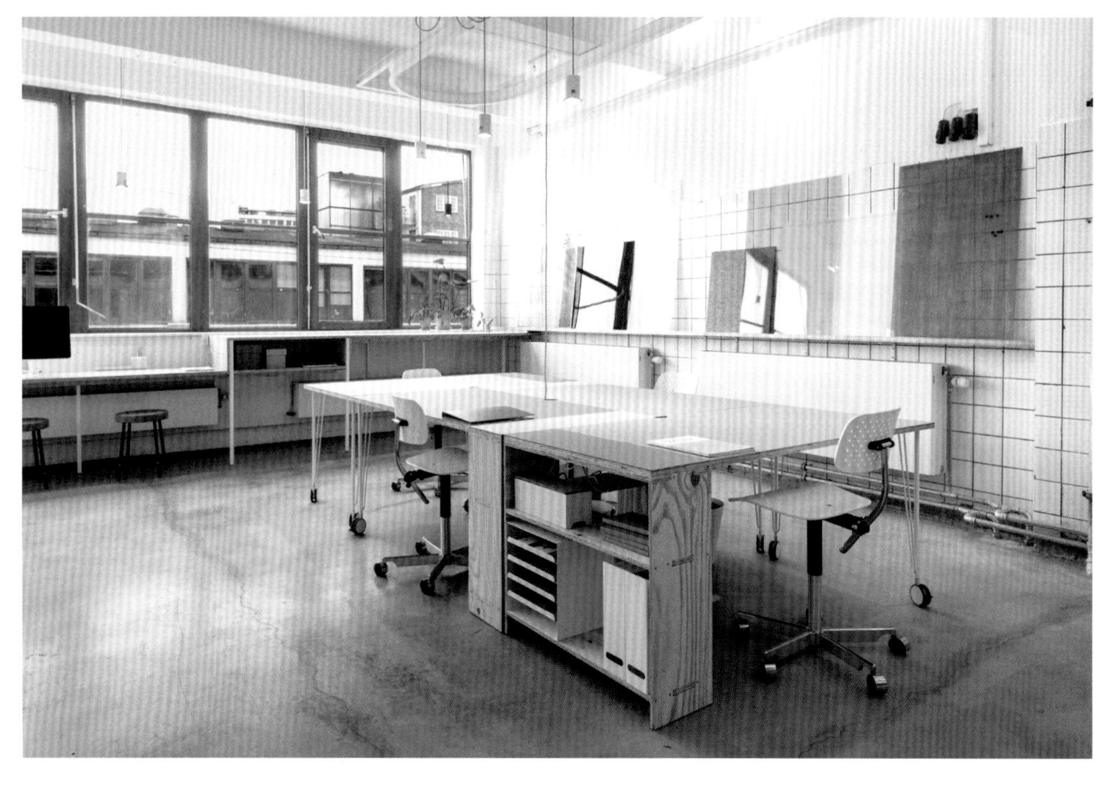

13 上层办公区，混凝土地板全景图
14 轮式办公桌椅
15 树屋内部景象，可以同时容纳 4 人
16 收缩墙不仅可以起到分隔空间的作用，还可以作为演示墙和展示墙使用
17 花房隔墙前的办公区。光线可以透过花房隔墙射入就餐—会面—阅览区

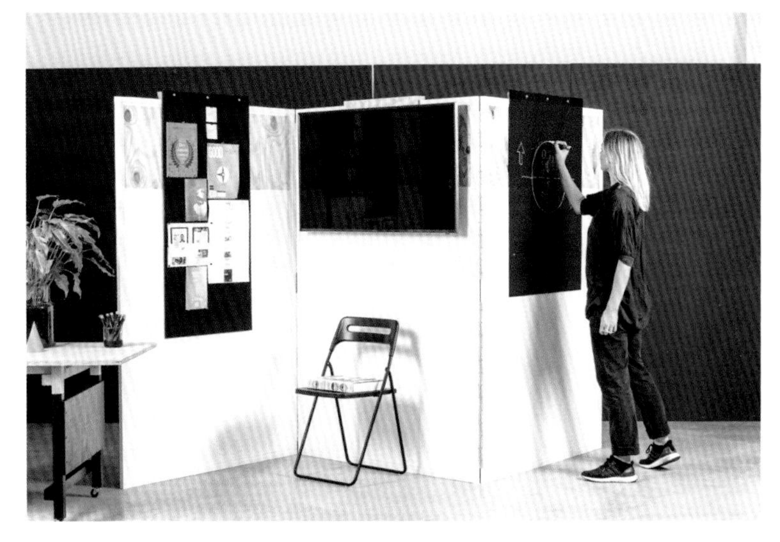

13 | 15
14 | 16
| 17

Fraher 建筑设计公司

Green Studio 阁楼办公室设计

委托方
Fraher 建筑设计公司

项目地点
英国伦敦
项目面积
32 平方米
完成时间
2013 年
摄影
杰克霍 · 布豪斯

Green Studio 位于蝴蝶屋对面，是一个花园式创意家居办公空间的建筑实践项目。该项目是为满足有着平衡忙碌工作与家庭生活需求的人群而设计的。

在对工作室的外观和朝向进行规划和设计时，设计团队必须尽量减少工作室对周围建筑和环境的影响，同时也要保证花园和办公空间能够获得足够的天然采光。

Green Studio 地下空间的设计不仅可以降低建筑的高度，还可实现花园与工作室之间良好的空间过渡。此外，生长在不锈钢屋顶复合网格结构内的花草也可起到降温保温的作用。

1 Green Studio 阁楼办公室外的花园
2 阁楼
3 底层办公区

MODERN CONSTRUCTION HANDBOOK
Vertical Gardens
THE ARCHITECTURE OF HOPE
14
Architect's Legal Handbook
200
OUTSTANDING APARTMENT IDEAS
Material World 2
TOTAL HOUSING
BELOW GROUND LEVEL
INFILL

1
2 | 3

为该项目专门打造的高性能嵌装玻璃与超效绝热材料和自然通风策略实现了完美结合，这里无需安装任何加温和冷却装置。大型太阳能电池组和储热装置可以为厨房和淋浴间提供热水。

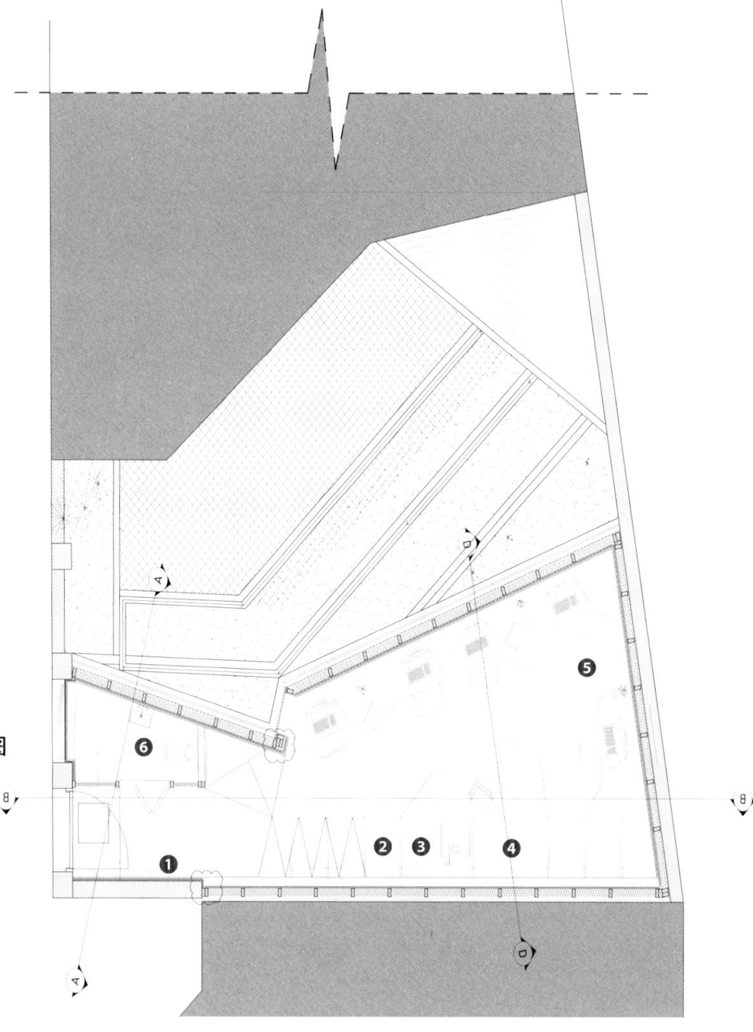

↘

Green Studio 阁楼办公室场地平面图

1 衣帽架
2 微波储藏室
3 厨房
4 打印机
5 办公区
6 卫生间

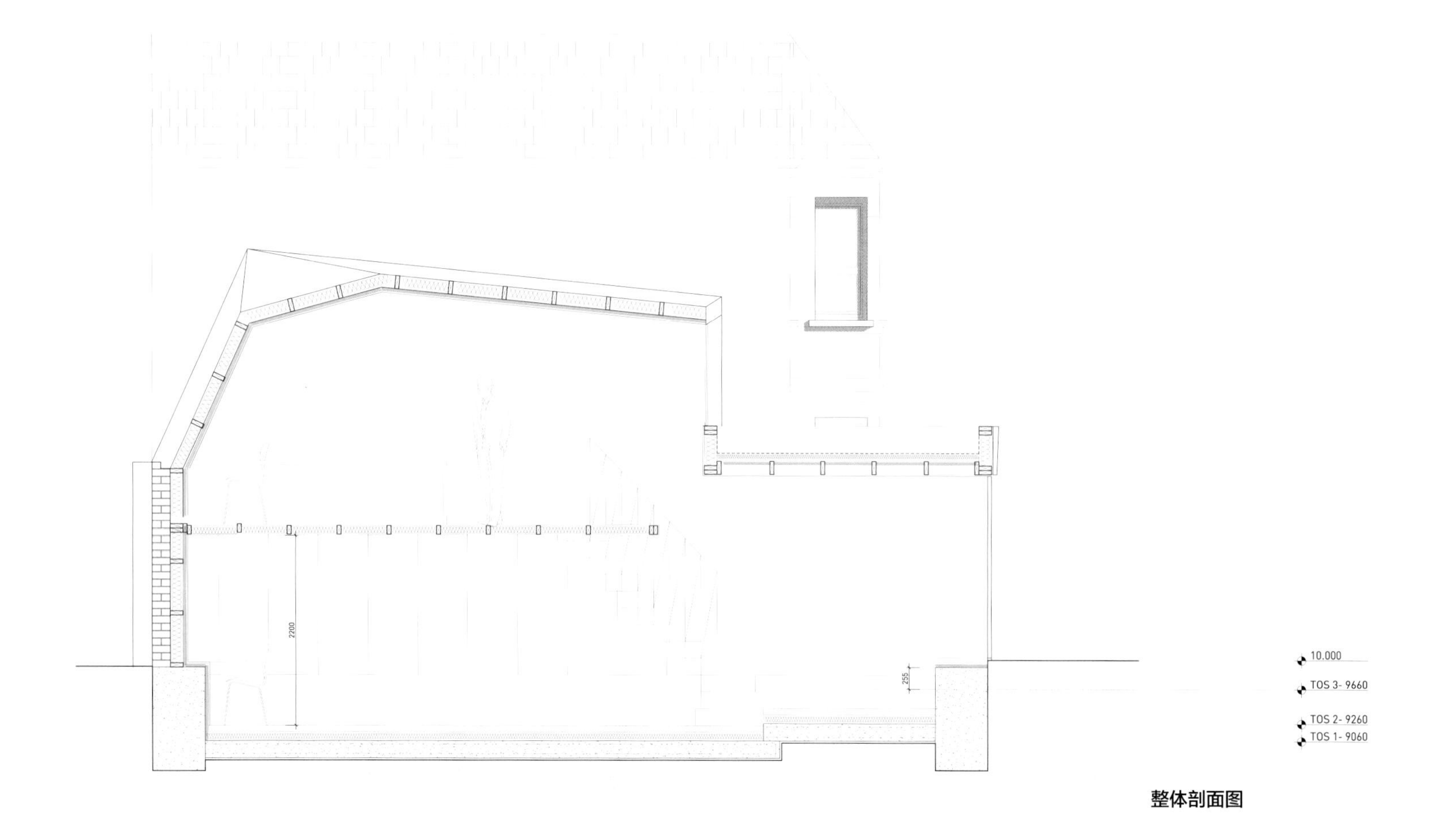

整体剖面图

5
4 6

4 底层办公区
5 办公区细节图
6 伞状线绳细节图

7 | 11
8 9 | 10

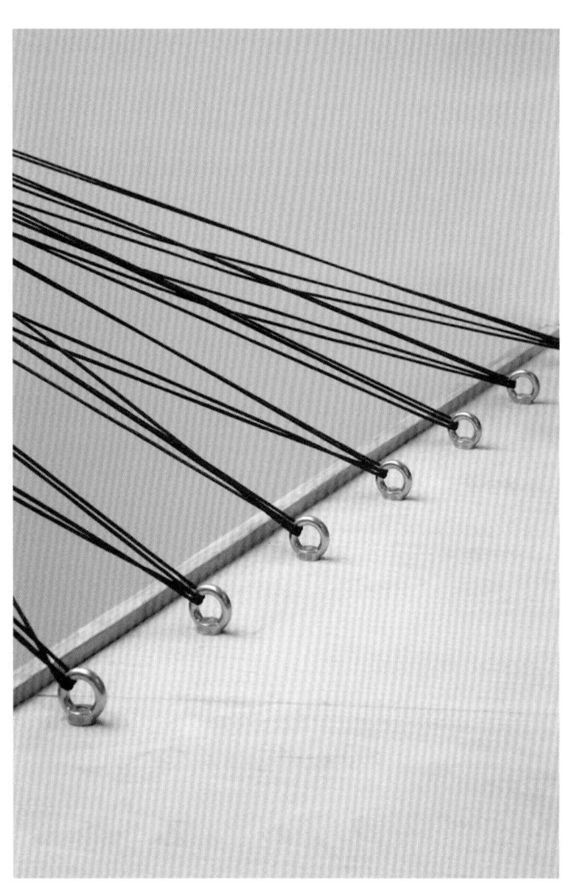

7 阁楼办公区
8 伞状线绳细节图
9 楼梯侧面隐藏的储物柜
10 楼梯和楼梯侧面隐藏的储物柜
11 底层空间和阁楼空间

索引

1:1 arquitetura:design (P130)
Website: www.umaum-arquitetura.com
Address: SHIS QI 21, bloco A, sala 204, Lago Sul, Brasília DF, Brazil
Telephone: +55 (61) 3546-1018

1305 Studio (P118)
Website: www.D1305.com
Address: Room 210, No. 383, Changhua Road, Shanghai, China
Telephone: +86 21 62995615

AGi architects (P210)
Website: www.agi-architects.com
Address: Apolonio Morales 13, F, 28036 Madrid, Spain
Telephone: + 34 91 5919226

Anfei Chen (P100)
Website: www.behance.net/anfei
Address: Vienna, Austria
Email: chopin_fei@126.com

Anna Chaika (P190)
Website: anna-chaika.com.ua
Email: anitamnix@gmail.com
Telephone: +38 (093) 565-75-98

Annvil (P38)
Website: www.annvil.lv
Email: sabine@annvil.lv
Telephone: +371 26391461

Apostrophy's The Synthesis Server Co., Ltd. (P66)
Website: www.apostrophys.com
Address: 290/214 Ladprao 84 (Sungkomsongkraotai 1) Wangtonlang, Bangkok 10310, Thailand
Telephone: 02-193-9144

Arch. Odart Graterol and Arch. Ricardo Rebolledo (P160)
Website: ogaa.jimdo.com
Email: odartgp@gmail.com
Telephone: +58 414 2015882

Arch. Silvia Stella Galimberti (Arch Nouveau Studio) (P144)
Website: www.archnouveaustudio.com
Address: Via del Vantaggio, 22 – 00186 Rome, Italy
Telephone: +39 06 86705005

ARRO Studio (P170)
Website: www.arro-studio.com
Address: 183 rue Saint Maur, 75010 Paris, France
Telephone: +33 9 81 95 84 89

As-Built Arquitectura (P108)
Website: www.as-built.es
Email: pablorios@as-built.es
Telephone: +34 620 811 330

Bean Buro (P14)
Website: www.beanburo.com
Address: Unit 2803, 28/F, Sunlight Tower, 248 Queen's Road East, Wan Chai, Hong Kong, China
Email: info@beanburo.com
Telephone: +852 2690 9550

Brain Factory - Architecture & Design (P32)
Website: www.brainfactory.it
Address: Colleverde 10, 00131 Roma, Italy
Telephone: +39 347 94 96 723

Design Haus Liberty (P150)
Website: www.dhliberty.com
Address: 14 Bedford Square, London, WC1B 3JA, United Kingdom
Telephone: +44 (0) 203 696 6860

Desnivel Architects (P216)
Website: desnivel.mx
Email: taller@desnivel.mx
Telephone: 9993715522

Dreimeta Armin Fischer (P52)
Website: www.dreimeta.com
Address: Ernst-Reuter-Platz 10, 86150 Augsburg, Germany
Telephone: +49 821 455 795-0

exexe (P196)
Website: www.exexe.pl
Address: ul.Łotewska 6/5, 03-918 Warszawa, Poland
Telephone: +48 602 586 609

FIELDWORK Design & Architecture (P234)
Website: www.fieldworkdesign.net
Address: 601 Se Hawthorne Boulevard, Portland, USA
Telephone: 503 360 1437

Fraher Architects Ltd (P248)
Website: www.fraher.co
Address: The Studio, London, SE231DT, United Kingdom
Telephone: +44 (0) 20 82916947

ICEOFF Company (P48)
Website: www.iceoff.co
Email: hello@iceoff.co
Telephone: +7 (910) 444-22-42

Jvantspijker Urbanism Architecture Research (P230)
Website: www.jvantspijker.com
Email: info@jvantspijker.com
Telephone: +31 (0)10 2540558

Mamiya Shinichi Design Studio (P114)
Website: www.m-s-ds.com
Email: info@m-s-ds.com
Telephone: 052-800-0851

Manuela Tognoli Architettura (P184)
Website: www.manuelatognoli.com
Email: info@manuelatognoli.com
Telephone: 347 8284635

Masahiro Yoshida (P28)
Website: www.kamitopen.com
Email: yoshida@kamitopen.com
Telephone: +81-3-6240-9856

Masquespacio (P42)
Website: www.academiacerdanyola.com
Address: Calle Altimira 5, 08290 Cerdanyola del Vallès, Barcelona, Spain
Email: info@masquespacio.com

MNdesign Studio (P222)
Website: www.mndesign.ru
Email: design@mndesign.ru
Telephone: +7 499 3434203

mode:lina architekci architecture studio (P24)
Website: modelina-architekci.com
Email: hello@modelina-architekci.com
Telephone: +48 667 156 700

MVN Arquitectos (P18)
Website: www.mvn-arquitectos.com
Address: c/ Explanada, 16 – 1ºDcha, 28040 Madrid, Spain
Telephone: +48 602 586 609

Phoenix Wharf (P104)
Website: www.phoenix-wharf.com
Address: Unit 1.1, Paintworks, Bath Road, Bristol, BS4 3EH, United Kingdom
Email: hello@phoenix-wharf.com

Ruetemple (P134)
Website: www.ruetemple.ru
Email: ruetemple@yandex.ru
Telephone: +7 929 926 91 32

Spaces Architects@ka (P74, P80)
Website: www.spacesarchitects-ka.com
Address: A-21/A, Basement, South Extension-II, New Delhi – 110049, India
Telephone: 011-26268108/09

Spacon & X (P240)
Website: www.spaconandx.com
Email: info@spaconandx.com
Telephone: +45 21817778

Studio BENCKI+design (P140)
Website: www.bencki.com
Email: info@bencki.com
Telephone: +48 790 620 620

Studio Wood (P58)
Website: www.studiowood.co.in
Address: 138/2/9 Kishangarh, Near Paradise Banquet, Aruna Asaf Ali Road, Vasant Kunj, New Delhi-110070, India
Telephone: +91 9810631311

Studio.Y Interior Design (P94)
Website: www.yuhaoling.com
Email: dy@yuhaoling.com
Telephone: 18384114423

SUPPOSE DESIGN OFFICE Co., Ltd. (P166)
Website: www.suppose.jp
Email: info@suppose.jp
Blog: smak.exblog.jp

Trifle Creative Ltd. (P156)
Website: www.triflecreative.com
Address: Unit 4 Galaxy House, 32 Leonard St, London, EC2A 4LZ, United Kingdom
Telephone: 07796 147117

Vaida Atkočaitytė and Akvilė Myško-Žvinienė (P88, P202)
Website: www.atkocaityte.lt
Email: vaida@atkocaityte.lt, akvile.mysko.zviniene@gmail.com
Telephone: +370 621 98233, +370 684 95678

Zemberek Design (P126, P178)
Website: www.zemberek.org
Address: Bascavus Sokak Evtas Is Hanı 31/12 34720 Kadıkoy, Istanbul, Turkey
Telephone: +90 216 338 50 62

图书在版编目(CIP)数据

创客空间/(英)徐珀壎 编;潘潇潇 译.—桂林:广西师范大学出版社,2016.5
ISBN 978-7-5495-7898-6

Ⅰ.①创… Ⅱ.①徐… ②潘… Ⅲ.①办公室-室内装饰设计 Ⅳ.①TU243

中国版本图书馆CIP数据核字(2016)第027010号

出 品 人:刘广汉
责任编辑:肖 莉 孟 娇
版式设计:吴 茜 马韵蕾

广西师范大学出版社出版发行
(广西桂林市中华路22号 邮政编码:541001
网址:http://www.bbtpress.com)
出版人:张艺兵
全国新华书店经销
销售热线:021-31260822-882/883
恒美印务(广州)有限公司印刷
(广州市南沙区环市大道南路334号 邮政编码:511458)
开本:635mm×1 016mm 1/8
印张:32 字数:49千字
2016年5月第1版 2016年5月第1次印刷
定价:268.00元